# 米波 MIMO 雷达低仰角测高技术

郑桂妹　王鸿帧　宋玉伟　著

国防工業出版社
·北京·

## 内容简介

本书主要论述基于MIMO雷达技术的测高方法研究。全书共7章。第1章为绪论；第2章介绍经典低仰角测量方法；第3章阐述稀疏阵列的低仰角测高方法，为后续奠定理论基础；第4章在第3章的基础上阐述了米波MIMO雷达的测高方法；第5章阐述基于稀疏阵列的米波频控阵MIMO雷达低仰角-距离联合估计方法，从数学模型到方法理论推导再到计算机仿真验证，构成一套完备的理论体系；第6章基于稀疏阵列的米波时间反转MIMO雷达低仰角估计方法，其中有实值处理与姜维处理，并进行了性能分析；第7章做了总结与展望。

本书可供从事雷达、电子工程、阵列信号处理等领域的科技和工程人员，以及高等院校相关专业的学生和科研人员学习和参考。

**图书在版编目（CIP）数据**

米波MIMO雷达低仰角测高技术/郑桂妹，王鸿帧，宋玉伟著．—北京：国防工业出版社，2024.1
ISBN 978-7-118-13123-9

Ⅰ．①米…　Ⅱ．①郑…　②王…　③宋…　Ⅲ．①米波雷达-测高雷达　Ⅳ．①TN959.6

中国国家版本馆CIP数据核字（2024）第014576号

※

国防工業出版社 出版发行
（北京市海淀区紫竹院南路23号　邮政编码100048）
北京虎彩文化传播有限公司印刷
新华书店经售

*

**开本** 710×1000　1/16　**印张** 8　**字数** 142千字
2024年1月第1版第1次印刷　**印数** 1—1400册　**定价** 99.00元



国防书店：（010）88540777　　书店传真：（010）88540776
发行业务：（010）88540717　　发行传真：（010）88540762

# 前　言

米波雷达具有抗击隐身目标和反辐射导弹的天然优势，但其俯仰维波束较宽，探测低空目标时波束打地导致存在严重的多径效应，受天线口径和工作带宽的限制，其无法将具有强相干性的直达波和多径反射波从空域、时域和频域内区分开，且回波信号协方差矩阵存在噪声子空间与信号子空间相互渗透的问题，导致大多数算法的仰角估计性能较差甚至失效，多径效应的存在严重影响米波雷达仰角估计性能。为进一步提高米波雷达低空目标探测性能，本书综合应用稀疏阵列、多输入多输出（MIMO）体制雷达、频控阵雷达以及时间反转技术对米波雷达低仰角估计方法展开研究。本书则侧重于介绍 MIMO 波形分集技术的应用，以及作者的最新研究成果。

本书由郑桂姝等编著，具体是：郑桂姝编写了第 1 章，王鸿帧和郑桂姝共同编写了第 4、5、6 章，王鸿帧和宋玉伟共同编写了第 2、3、7 章。全书由郑桂姝统编定稿。本书得到了空军预警学院王永良院士、西安电子科技大学雷达信号处理国家重点实验室陈伯孝教授、清华大学电子系汤俊教授的鼓励、帮助和支持，空军工程大学防空反导学院跟踪制导教研室老师们的热情参与，以及国防工业出版社的慷慨帮助，在此一并表示由衷的感谢。

由于编者水平有限，书中难免会有错误与不妥之处，敬请同行与读者批评指正。

郑桂姝

2023 年 8 月于空军工程大学

# 目　　录

# 第1章　绪　　论

## 1.1　研究背景与意义

近年来，隐身技术、反辐射导弹（Anti-Radiation Missile，ARM）的快速发展及广泛应用给雷达的生存造成巨大威胁。采用外形和涂覆材料隐身的战机，因微波频段雷达散射截面积（Radar Cross Section，RCS）较低而实现隐身。米波雷达工作频率范围为30~300MHz[1]，具有传播过程中信号衰减弱、探测距离远等突出优点，因频段较低从而能够降低吸波材料吸收电磁波的效果，隐身战机对其仍有较大的RCS值，因而具有抗击隐身目标和ARM的潜在性能被广泛应用于现代战争[2]。尽管如此，米波雷达俯仰维波束较宽的固有缺陷还是给其实际应用带来了一些技术难题。

低空目标的仰角小于雷达半波束宽度时称为低仰角目标。米波雷达跟踪检测低仰角目标时波束打地导致存在严重的多径效应[3,4]，目标直达波和地面多径反射波信号从同一波束进入，波程差较小且具有强相关性，相当于两个空间临近的相干点源[5,6]。受天线口径、工作带宽的限制，米波雷达难以从空域、时域和频域内将直达波和地面反射的多径波区分开[7]，信息的混叠造成仰角估计性能急剧下降，进而影响目标检测与定位性能[6]。当直达波和多径反射波的夹角小于0.8倍波束宽度时，米波雷达仰角估计精度降低，随着夹角变小直至完全丧失对目标的跟踪测量能力。因此，米波雷达低仰角估计问题具有较高的研究价值。

稀疏阵列是近年出现的新型天线阵列，能够突破奈奎斯特采样定理的限制，当具有同等物理阵元数时可获得比均匀线阵（Uniform Linear Array，ULA）更大的阵列孔径，从而具有更好的参数估计性能[8]，更符合米波雷达系统实际应用中的需求。为了对抗不断涌现出的先进隐身技术，雷达工作者将多输入多输出（Multiple Input Multiple Output，MIMO）通信的思想引入到雷达领域，于是就有了MIMO雷达[9]的出现。MIMO雷达采用波形分集技术，同时通过阵元设置和发射波形设计分别实现空间分集和频率分集，具有常规阵列雷达无法比拟的优势：测角精度更高、抗干扰能力更强、反隐身效果好及多目标跟踪能力强等[10]。频控阵（Frequency Diverse Array，FDA）雷达不同天线单元的发射载频存在微小的差异，能够形成具有距离依赖性和时变性的发射波束，克服了传统阵列因子不包含距离和时间变量的缺点，因而带来很多独特的应用优势[11]。在复杂多散射环境下，时间反转（Time Reversal，TR）技术是根据静态媒质中波动方程的时间对称性和空间互易性，利用多径分量进行相干叠加，对其他杂波信号进行非相干叠加，从而获得良好的空-时聚集性能[12-14]。因此，综合利用稀疏阵列、MIMO体制雷达、FDA 雷达和 TR 技术可以提高米波雷达低空目标仰角估计性能，对于有效抗击低空突防和提升防空能力具有十分重大的意义。

在此背景下，本书基于超分辨空间谱估计理论，以米波雷达为研究对象，从稀疏阵列、MIMO 体制雷达、FDA 雷达和 TR 技术等方面的综合应用来深入研究低空目标仰角估计技术。

## 1.2 国内外研究现状

米波雷达可利用垂直维的天线利用阵列信号处理技术估计目标仰角，其本质是俯仰维的波达方向（Direction of Arrival，DOA）估计，问题的关键在于如何在强相干反射波存在的情况下准确估计出直达波的入射仰角[15]。目前，主要有三类方法：第一类是防止多径信号进入天线，如空域滤波和双零点法等；第二类是设法消除多径信号的影响，如多频平滑法和复指示角技术等；第三类是设法利用存在的多径信号，即将直接回波方向与多径回波方向同时估计出来，如阵列超分辨法等[16]。本书主要研究第三类方法，下面区分米波常规阵列雷达、米波 MIMO 雷达、米波 FDA-MIMO 雷达和米波 TR-MIMO 雷达四种情况介绍低仰角估计技术研究现状。

### 1.2.1 米波常规阵列雷达低仰角估计方法

米波雷达低仰角估计时有三个典型特点：一是地海面杂波强导致信噪比低；二是数据快拍数较少，目前最多达到 20~30 次；三是存在严重的多径效应。受上述特点的影响，米波雷达低仰角估计问题一直是空间谱估计中的难题，广大专家学者对此进行深入研究并取得了大量研究成果。阵列超分辨技术就是其中比较流行的方法，这种方法不受瑞利限的约束，能够分辨出一个波束宽度内的多个目标，在特定情形下具有很高的角度分辨力和测角精度。

阵列超分辨技术大致分为两类：一类是拟合类算法，包括最大似然[17-20]（Maximum Likelihood，ML）算法和子空间拟合[21]（Subspace Fitting，SF）算法。此类算法在信噪比低、快拍数少及存在强相干信源的情形下仍然具有较好的

DOA 估计性能，非常适合米波雷达低仰角估计场景；另一类是特征子空间类算法，这类方法将接收信号协方差矩阵进行特征分解，依靠信源数估计结果和特征值大小，将特征向量空间划分为大特征值对应的信号子空间和小特征值对应的噪声子空间两部分，并利用两个子空间相互正交的性质构建空间谱，接着通过搜索谱峰所在位置来估计目标角度[15]。多重信号分类[22]（Multiple Signal Classification，MUSIC）算法和旋转不变子空间[23]（Estimation of Signal Parameters via Rotational Invariance Technique，ESPRIT）算法就是这类方法中的经典算法，此类算法受外部条件影响较大，尤其是在信噪比低、快拍数少和存在强相干信源的情形下性能会急剧下降。若要在米波雷达低仰角估计场景下使用这类算法，必需利用解相干算法或无需解相干的广义 MUSIC 算法[24]。

特征子空间类解相干算法主要分为平滑类和矩阵重构类两种。平滑类解相干算法有极化平滑算法[25-27]和空间平滑算法[28-31]两类。极化平滑算法仅限米波极化雷达使用，这里不过多阐述。空间平滑算法将阵列天线划成为多个相互交叠的子阵，通过对各个子阵数据协方差矩阵求取平均值的方式来解相干，有前向平滑（Forward Spatial Smoothing，FSS）、后向平滑（Backward Spatial Smoothing，BSS）和前后向平滑（Forward Backward Spatial Smoothing，FBSS）三种方式。空间平滑算法不仅要求阵列具有平移不变性的特殊空间几何结构，而且会因阵列有效孔径的损失而测角精度下降。文献［32］将前后向空间平滑多重信号分类（Forward Backward Spatial Smoothing Multiple Signal Classification，FBSSMUSIC）算法应用到米波雷达低仰角估计中，但效果一般。文献［33］从阵列及算法重要参数对仰角估计性能的影响出发，综合分析了 FBSS 解相干算法在米波雷达测高应用中的性能，详细说明了如何选择阵列及 FBSS 参数以取得最佳仰角估计精度的方法，同时指出在回波信号协方差矩阵满秩条件下，该算法仍会出现解相干失效、测角误差大的缺陷。文献［34］研究发现在多径衰减系数相位为 0°或±180°时空间平滑算法仰角估计误差会骤然增大。矩阵重构类解相干算法[35-37]中比较典型的有 Toeplitz 矩阵重构法[38]，其利用回波数据协方差矩阵的 Toeplitz 性质通过矩阵重构来恢复协方差矩阵的秩，此类方法虽不牺牲阵列孔径，但其不是无偏估计所以误差较大。另外，广义 MUSIC 算法和 ML 算法无需解相干处理即可估计出目标仰角。文献［39］在广义 MUSIC 算法原型[24]的基础上，利用直达波和多径反射波入射角之间的几何关系实现降维搜索，在降低运算量的同时提高了测角精度；文献［40］在文献［39］的基础上提出了一种通过一次广义 MUSIC 算法谱峰搜索可同时估计出目标仰角和多径衰减系数的新算法；文献［41］提出了一种改进加权广义 MUSIC（Improved Weighted Generalized MUSIC，IWGMUSIC）算法，该算法在广义 MUSIC 算法的基础上采用更加合理的权值，具有更高的测角精度。

文献［42］在时空级联 ML 算法[46]的基础上，同样利用直达波与多径反射波入射角之间的几何关系进行降维搜索，同时实现算法运算量的降低和测角精度的提升；文献［43］利用交替投影（Alternating Projection，AP）技术将 ML 算法应用到米波雷达测高中，在各个信号子空间中交替迭代回波相关矩阵来实现低空目标的仰角估计；文献［44］提出了基于阵列内插的波束域 ML 算法的测高方法，该方法在保证大间距线阵波束域变换无模糊性的同时降低了运算量。文献［45］紧密结合米波常规阵列雷达特点，在镜面多径反射信号模型基础上，归纳分析了以传统 ML 算法为基础的 3 种测高方法，并梳理了 3 种方法之间的相互关系。综上所述，受多径效应影响，目前米波雷达低仰角估计主流技术主要采用空间平滑、矩阵重构等解相干算法和无需解相干的广义 MUSIC 算法和 ML 算法。

压缩感知[47,48]和稀疏重构技术[49,50]因具有能以较少的采样值恢复出原始信号的强大能力而被应用到米波雷达低仰角估计中。文献［51］提出了基于 L1 范数约束的最小奇异值分解的相干目标 DOA 估计算法。文献［52］结合目标信号空域稀疏性构造包含地面反射系数的复合导向矢量来实现多径反射条件下的低空目标测高。文献［53］分别提出在虚拟内插阵和波束空间中压缩采样后进行稀疏重构的 DOA 估计方法，这两种压缩感知方法不仅不需要解相干处理，而且相较于经典超分辨估计方法和传统压缩感知方法具有更高的 DOA 估计性能。文献［54］提出了一种基于稀疏贝叶斯学习的低空目标测高算法，该算法利用相邻快拍稀疏结构的相似性通过压缩感知技术解决了米波雷达低仰角估计问题。

深度神经网络是一个从输入到输出的高度非线性映射，因具有较强的非线性学习能力已被应用于信号处理领域[55,56]。米波雷达低仰角估计同样是非线性最优化问题，从而可利用深度神经网络简化最优化过程来降低计算量。文献［57］从稀疏表示的阵列信号模型出发，提出了一种基于深度学习的相干源 DOA 估计方法，该方法选择合适的训练策略，有效地对深度学习网络进行训练，最后利用训练好的网络实现相干源的 DOA 估计，在提高参数估计性能的同时有效降低了运算时间，并且对阵列结构没有特殊要求。文献［58］提出了一种基于空域特征学习的端到端 DOA 估计方法，该方法基于多径反射信号模型，利用智能网络学习回波数据俯仰维分布特征与真实仰角间关系后通过回波数据俯仰维分布特征反演 DOA，比已有超分辨算法具有更高的估计精度和更低的运行时间。文献［59］从多径反射信号模型出发，在重点分析现有超分辨物理算法及数据所含机理特征的基础上提出了一种新的基于多帧相位特征增强的 DOA 估计方法。

此外，复杂地形下的低仰角估计技术也有不少成果。文献［60］在分析地形对测高性能影响的基础上结合干涉式阵列研究了米波雷达测高技术。文献［61］提出了一种更适合复杂地形的宽带米波雷达超分辨低仰角估计方法。文献［62］提出了用于匹配复杂阵地的扰动多径模型，结合电磁矢量阵列研究了米波雷达复杂阵地条件下的测高算法。文献［63-66］从空域滤波、压缩感知、稀疏贝叶斯学习等方面研究了复杂阵地条件下的米波雷达测高方法。文献［67，68］分析研究了粗糙表面的漫反射多径信号模型。文献［69］提出了一种基于 AP 技术适用于起伏地形的测高方法，该方法具有较低的运算复杂度。

## 1.2.2 米波 MIMO 雷达低仰角估计方法

MIMO 雷达可分为集中式和分布式两类。集中式 MIMO 雷达又称单基地 MIMO 雷达，其收发天线各阵元相距较近，主要利用波形分集和多通道相干性，进而扩展阵列虚拟孔径，提高角度分辨率和抗干扰能力[70,71,128]。分布式 MIMO 雷达收发天线各阵元距离较远，每对收发天线均可以当作一组双基地雷达，利用目标回波的空间分集增益，可以提高角闪烁目标的检测性能[72,73,128]。MIMO 雷达在发射和接收端通过波形分集和空间分集技术以较少天线阵元实现等效的大规模虚拟阵列，从而提高目标 DOA 估计精度[74]。MIMO 体制下的米波雷达能弥补传统米波雷达在低仰角估计性能方面的不足，众多研究人员将其应用在米波雷达低仰角估计领域，提出了许多针对米波 MIMO 雷达的低仰角估计方法。

与常规阵列雷达相比，MIMO 雷达具有波形分集特性，在估计低空目标仰角时必须考虑发射多径，从而一个目标对应直达-直达、直达-反射、反射-直达和反射-反射四条路径[75,76]。并且由于地面多径反射波和直达波信号子空间和噪声子空间相互渗透，对于如 MUSIC，ESPRIT 等传统 DOA 估计算法不能直接应用于米波 MIMO 雷达低仰角估计上。

为克服多径效应，广大学者提出了诸多处理方法，主要包括改进的 MUSIC 算法[77]、ML 算法[78]、广义 MUSIC 算法[79]等。改进的 MUSIC 算法通过重新构造具有 Toeplitz 性质的回波数据协方差矩阵来实现解相干，但一般仅适用于具有平移不变性的特殊空间几何结构。文献［77，80］将空间平滑算法应用于米波 MIMO 雷达低仰角估计中，具有一定的解相干能力，但其对角度估计性能的提升有限，主要原因是该方法未完全利用 MIMO 体制雷达的虚拟孔径扩展能力。无需解相干的 ML 算法和广义 MUSIC 算法可直接实现直达波与多径反射波的 DOA 估计，但需通过改进来降低算法复杂度。文献［78，81-82］利用基于收发多径复合导向矢量的 ML 算法解决了米波 MIMO 雷达低仰角估计中的多径问题，在降低算法运算量的同时提高了测角精度。文献［79］提出了一种广义 MUSIC 算法，该算法有效解决了 MIMO 雷达低仰角区域导向矢量渗透及直达波与多径反射波相干的问题，且利用两者间几何关系实现了降维搜索。文献［83］提出了一种用于单基地极化敏感阵列（Polarization Sensitive Array，PSA）MIMO 雷达低仰角估计的极化平滑广义 MUSIC 算法。该方法同时利用 MIMO 雷达的虚拟孔径和 PSA 的极化分集来提高分辨率，在直达波和反射波相位不一致时具有比广义 MUSIC 算法更好的性能。文献［84］提出了一种基于矩阵束的米波 MIMO 雷达低仰角估计方法，该方法在单样本数和低信噪比条件下能够同时快速估计出多个低空目标仰角。文献［85，86］提出了一种优化目标空间谱搜索的低仰角估计方法，该方法能够充分利用 MIMO 雷达目标散射的空间分集特性和多径反射信号能量，有效提升了仰角估计性能。文献［87］通过缩放字典逐层逼近的方法来实现低空目标仰角的估计。文献［88］提出一种基于块正交匹配追踪预处理的低仰角估计方法，该方法通过块正交匹配算法得到仰角初始值后，再利用广义 MUSIC 算法和 ML 算法获得仰角精估计值，通过缩小谱峰搜索范围来降低运算量。文献［89］提出了一种基于自适应波束形成的米波 MIMO 雷达测高方法，该方法首先通过通道匹配矩阵消除多径反射信号对直射信号的不良影响；然后将目标回波直射方向和多径反射方向作为干扰方向；最后通过自适应波束形成获得目标低仰角。文献［90］提供了米波极化 MIMO 雷达的测高信号模型，并提出适用于该模型的广义 MUSIC 算法和导向矢量合成 MUSIC 算法。

此外对于复杂地形，文献［91］提出了一种基于稀疏表示和秩 1 约束的米波 MIMO 雷达测高方法，该方法在复杂多径场景下仍具有较高的测角精度，但其计算量较大。文献［92］提出了提出一种基于波瓣分裂的米波 MIMO 雷达测高算法，该算法可以解决低空目标反射波和直达波耦合引起的相干性问题，在平坦及复杂起伏地面上均能快速估计目标低仰角。文献［93］提出了一种复杂地形条件下基于改进广义 MUSIC 和 ML 算法的米波 MIMO 雷达精细化测高方法。

### 1.2.3 米波 FDA-MIMO 雷达低仰角-距离联合估计方法

将 MIMO 技术引入到米波雷达一定程度上提高了低仰角估计精度，然而其无法实现距离-方位相关的方向图，限制了 MIMO 雷达分辨同方位不同距离单元目标的能力[94]。FDA 雷达应用频率分集技术，通过在发射信号上增加一个与阵元位置相关的频率增量，可实现距离-方位相关的方位图，具有可分辨同方位不同距离单元目标的能力[95]。将频控阵应用于 MIMO 雷达，就形成了 FDA-MIMO 雷达。在 FDA-MIMO 雷达中，发射阵通过发射多个正交且载频间存在频率增量的信号，可等效实现大规模虚拟频控阵，从而实现高精度的距离-方位估计[96,97]。文献［98］构建了 FDA-MIMO 雷达的角度-距离联合估计模型，而之后的研究主要集中在以下方面：改进目标参数估计性能[99,100]、解决距离估计中的模糊问题[101]和降低估计过程计算复杂度[102]。文献［99］通过优化时不变波束改善了 FDA-MIMO 雷达的角度-距离联合估计性能。文献［100］采用稀疏迭代优化的方法可在低快拍数条件下实现对目标的参数估计。文献［101］采用交错频偏增量克服了距离估计中的模糊问题。文献［102］采用降维技术有效降低了计算复杂度。然而，以上学者的研究主要集中于非相干信号，所提出的方法并不适用于多径效应存在的低空目标仰角估计场景。于是文献［103］提出了一种基于米波 FDA-MIMO 雷达的广义 MUSIC 算法，填补了低空目标仰角-距离联合估计方法的空白。

### 1.2.4　米波 TR-MIMO 雷达低仰角估计方法

TR 技术[104,105]具有空时聚焦性，能够有效利用反射波能量，降低多径效应对回波信号的影响，提高信噪比。基于此文献［106，107］提出了一种结合 TR 技术、相干信号子空间方法（Coherent Signal-subspace Method，CSM）和 MUSIC 算法的低仰角估计方法，该方法通过 TR 技术的空时聚焦性来提高复杂散射环境下的信噪比，一定程度上提高了测角精度，但性能无法与 MIMO 体制雷达相媲美。将 TR 技术应用到 MIMO 雷达中，就形成了 TR-MIMO 雷达[108,109]，文献［108］建立了 TR-MIMO 雷达信号模型，文献［109］运用 TR-MIMO 雷达进行目标 DOA 估计，进一步提高了估计精度。TR-MIMO 雷达优异的角度估计性能受到广泛关注，利用米波 TR-MIMO 雷达探测低空目标可提高仰角估计性能，具有十分重大的意义。

近年来，广大学者深入研究了多径反射条件下米波 TR-MIMO 雷达 DOA 估计问题，形成了较多成果。目前主要处理方法有 Capon 算法[111]、行列复用 FBSS 算法[112]、MUSIC 算法[113]和 Toeplitz 矩阵重构算法[114]等。文献［110］首次将 TR-MIMO 雷达体制拓展到多径反射条件下的 DOA 估计，并推导出相应的克拉美-罗界方程，最后通过仿真验证了 TR-MIMO 雷达在强地物杂波下仍具有很高的测角精度。文献［111］提出了基于米波 TR-MIMO 雷达多径反射条件下的 Capon 算法，该算法抑制旁瓣能力较强，在多径环境和低信噪比条件下仍有较好的估计精度，但受 Capon 算法影响其无法有效区分来波角度间隔较小的直达波与反射波，即该算法不适用于低空目标的 DOA 估计。文献［112］提出了适用于米波 TR-MIMO 雷达多径反射条件下的行列复用 FBSSMUSIC 算法，该算法利用 TR 技术的聚焦性能，有效地提高了低空目标的测角精度，但参数估计误差起伏度极大。文献［113］提出了一种基于 TR-MIMO 雷达的实值域 MUSIC 算法，该算法通过降维和实值处理极大地降低了计算复杂度，但该算法同样无法有效区分来波角度间隔较小的直达波与反射波，且在谱峰搜索时无法克服小角度产生的大谱值，不适用于低空目标的 DOA 估计。文献［114］提出了一种基于 Toeplitz 矩阵重构的 TR-MIMO 雷达相干目标 DOA 估计算法。该算法利用 Toeplitz 矩阵重构解相干，使用优化迭代方法进行 DOA 估计，在降低计算量的同时提高了 DOA 估计精度。但受到多径效应影响，低空目标直达波和反射波导向矢量存在相互耦合的现象，该算法对于低空目标 DOA 估计效果并不好。

综合以上研究现状可以发现，米波雷达低仰角估计技术虽取得不少成果，但主要基于 ULA 镜面多径反射信号模型，在研究过程中发现存在以下问题：一是超低空目标仰角估计精度和角度分辨力会急剧下降；二是随着仰角变化角度估计误差起伏度较大；三是大部分算法计算复杂度过高，工程应用比较困难，具有较大的局限性。由此可见，米波雷达低仰角估计技术仍有较大提升空间和研究价值，因此需要更加深入研究米波雷达低仰角估计技术。

## 1.3 本书主要内容和写作思路

本书基于阵列超分辨算法对米波雷达低仰角估计问题展开研究，本书的总体框架如图 1.1 所示，主要分为四个部分。第一部分详细分析总结了米波常规阵列雷达经典镜面多径反射信号模型及典型低仰角估计算法的性能特点，在此基础上建立米波稀疏阵列镜面多径反射信号模型并提出适用于该信号模型物理阵列的低仰角估计方法；第二部分考虑 MIMO 体制雷达虚拟孔径扩展特性，在分析基于 ULA 信号模型的米波 MIMO 雷达仰角估计性能存在不足的基础上，将稀疏阵列与 MIMO 体制雷达相结合，建立了基于稀疏阵列的米波 MIMO 雷达镜面多径反射信号模型，并研究提出了适用于该信号模型的低仰角估计方法。第三部分考虑 FDA 雷达可实现距离-方位相关的方位图，具有可分辨同方位不同距离单元目标的能力，将稀疏阵列、FDA 与 MIMO 雷达相结合，建立了基于稀疏阵列的米波 FDA-MIMO 雷达镜面多径反射信号模型，并研究提出了适用于该信号模型的低仰角-距离联合估计方法。第四部分考虑 TR 技术可通过空时聚焦来提升信噪比，综合应用稀疏阵列、TR 技术和 MIMO 体制雷达建立了基于稀疏阵列的米波 TR-MIMO 雷达的镜面多径反射信号模型，并研究提出了适用于上述信号模型的低仰角估计方法。

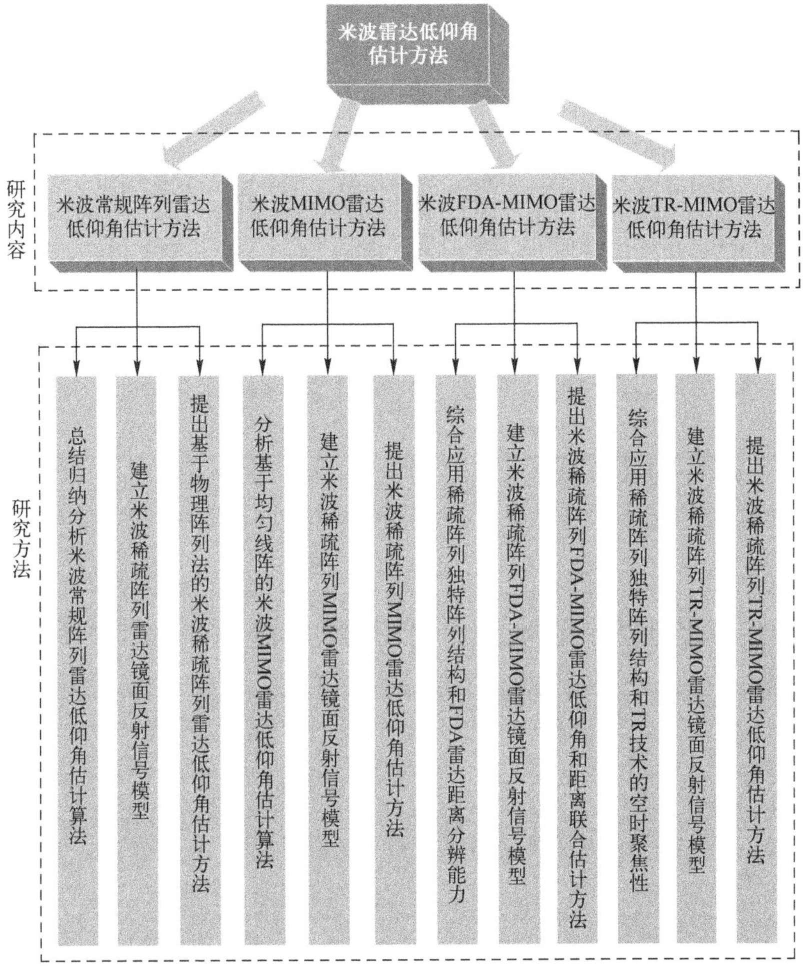
米波雷达低仰角估计方法
研究内容
米波常规阵列雷达低仰角估计方法
米波MIMO雷达低仰角估计方法
米波FDA-MIMO雷达低仰角估计方法
米波TR-MIMO雷达低仰角估计方法
研究方法
总结归纳分析米波常规阵列雷达低仰角估计算法
建立米波稀疏阵列雷达镜面反射信号模型
提出基于物理阵列法的米波稀疏阵列雷达低仰角估计方法
分析基于均匀线阵的米波MIMO雷达低仰角估计算法
建立米波稀疏阵列MIMO雷达镜面反射信号模型
提出米波稀疏阵列MIMO雷达低仰角估计方法
综合应用稀疏阵列独特阵列结构和FDA雷达距离分辨能力
建立米波稀疏阵列FDA-MIMO雷达镜面反射信号模型
提出米波稀疏阵列FDA-MIMO雷达低仰角和距离联合估计方法
综合应用稀疏阵列独特阵列结构和TR技术的空时聚焦性
建立米波稀疏阵列TR-MIMO雷达镜面反射信号模型
提出米波稀疏阵列TR-MIMO雷达低仰角估计方法

图 1.1　本书的总体框架

## 1.4　本书内容安排

全文分为七章，各章安排如下。

**第 1 章　绪论**

首先介绍了本书的研究背景和意义，然后区分米波常规阵列雷达、MIMO 雷达、FDA-MIMO 雷达和 TR-MIMO 雷达对低仰角估计技术的历史发展和研究现状进行介绍并分析了米波雷达低仰角估计存在问题及困难，最后详细说明了本书内容与章节的安排。

**第 2 章　米波常规阵列雷达典型低仰角估计算法分析**

首先推导分析了米波常规阵列雷达镜面多径反射信号模型，在此基础上总结归纳了基于 ULA 的米波雷达低仰角估计方法，系统分析了空间平滑等解相干算法和无需解相干的广义 MUSIC 系列算法以及 ML 系列算法。最后仿真实验在综合分析目标高度、天线架高、信噪比、快拍数、幅相误差等因素对算法仰角估计性能的影响后得到一般性的结论。

**第 3 章　基于稀疏阵列的米波雷达低仰角估计方法**

针对稀疏阵列利用虚拟阵列法进行低仰角估计时测角误差大的问题，研究了一种适用于稀疏阵列基于物理阵列的低仰角估计方法。首先介绍了典型稀疏阵列结构及其导向矢量构造方法；然后理论分析了基于稀疏阵列的米波雷达虚拟阵列低仰角估计方法，在充分论证该方法存在不足的基础上提出利用物理阵列进行低仰角估计的方法；最后仿真实验对比了 ULA 和典型稀疏阵列基于虚拟阵列和物理阵列的低仰角估计性能，验证了基于稀疏阵列的物理阵列低仰角估计方法在测向方面的优势。

**第 4 章　基于稀疏阵列的米波 MIMO 雷达低仰角估计方法**

针对基于 ULA 的米波 MIMO 雷达低仰角估计算法存在超低空目标角度测量精度、分辨力急剧下降和随着仰角变化测角误差起伏度较大的问题，从阵列结构降低多径效应影响的角度入手，将稀疏阵列应用于单基地米波 MIMO 雷达低仰角估计中，建立了基于稀疏阵列的单基地米波 MIMO 雷达镜面多径反射信号模型，并结合广义 MUSIC 算法和 ML 算法提出适用于该信号模型的低仰角估计方法。最后仿真实验把典型稀疏阵列与等阵元数的 ULA 进行对比，验证了基于稀疏阵列的单基地米波 MIMO 雷达低仰角估计性能的优越性和所提方法的有效性。

**第 5 章　基于稀疏阵列的米波 FDA-MIMO 雷达低仰角-距离联合估计方法**

为了使米波 MIMO 雷达具有同时估计目标仰角和距离的能力，同时实现高精度的低仰角-距离联合估计，研究了一种基于稀疏阵列的 FDA-MIMO 雷达低仰角-距离联合估计方法。首先推导建立了基于稀疏阵列的米波 FDA-MIMO 雷达的镜面多径反射信号模型，并对此信号模型进行了分析；然后结合广义 MUSIC 算法和 ML 算法提出适用于该信号模型的低仰角-距离联合估计方法；最后仿真实验把典型稀疏阵列与等阵元数 ULA 进行对比，验证了基于稀疏阵列的单基地米波 FDA-MIMO 雷达低仰角-距离联合估计性能的优越性和所提方法的有效性。

**第 6 章　基于稀疏阵列的米波 TR-MIMO 雷达低仰角估计方法**

为进一步提高米波 TR-MIMO 雷达低仰角估计性能，从阵列结构和算法改进两个方面降低多径效应影响的角度入手，将稀疏阵列应用于单基地米波 TR-MIMO 雷达低仰角估计中，推导建立了基于稀疏阵列的单基地米波 TR-MIMO 雷达镜面多径反射信号模型，并结合广义 MUSIC 算法和 ML 算法提出适用于该信号模型的低仰角估计算法。仿真实验不仅对比了典型稀疏阵列和 ULA 参数估计性能，而且同时将所提方法和典型算法进行了对比，验证了基于稀疏阵列的单基地米波 TR-MIMO 雷达低仰角估计性能的优越性和所提方法的有效性。

**第 7 章 总结与展望**

在简单回顾与梳理本书其他章节的基础上对全书工作进行总结，并结合本书的缺点不足和本领域仍未解决的难题对米波雷达低仰角估计技术进行展望，明确了下步的研究方向和工作重点。

# 第 2 章　米波常规阵列雷达典型低仰角估计算法分析

## 2.1 引　　言

米波雷达探测低空目标时存在严重的多径效应，直达波与多径反射波具有强相干性并且波程差较小，相当于距离较近的两个强相干点源，其无法通过时域或频域滤波来分辨它们，这导致测角精度大大降低。为深入理解米波雷达低仰角估计算法的基本原理，本章介绍了米波常规阵列雷达经典镜面多径反射信号模型，并归纳总结了几种典型的低仰角估计算法，最后综合分析仿真实验结果，得出一般性结论。具体内容安排如下：2.2 节推导分析了米波常规阵列雷达镜面多径反射信号模型；2.3 节归纳总结了几种典型的低仰角估计算法；2.4 节进行了仿真实验分析，得出一般性结论；2.5 节为小结。

## 2.2 米波常规阵列雷达镜面多径反射信号模型

假设一个米波雷达采用垂直放置的均匀或非均匀线阵作为接收天线，其采用经典镜面多径反射信号模型，如图 2.1 所示。雷达在 $A$ 处，目标在 $T$ 处，$B$ 为镜面反射点，其中，$h_a$ 和 $h_t$ 分别为雷达天线架设高度和目标高度，$R$ 为雷达与目标的水平距离，$R_d$ 和 $R_i$ 分别为直达波和多径反射波路径长度，$\theta_d$ 和 $\theta_s$ 分别为目标直达波和多径反射波入射角。

由图 2.1 所示几何关系可得直达波和反射波路径长度分别为

$$R_d=\sqrt{R^2+(h_t-h_a)^2} \tag{2.1}$$

$$R_i=\sqrt{R^2+(h_t+h_a)^2} \tag{2.2}$$

对式（2.1）和式（2.2）二项式展开可得

$$R_d=R\left[1+\frac{(h_t-h_a)^2}{2R^2}-\frac{(h_t-h_a)^4}{8R^4}+\cdots\right] \tag{2.3}$$

$$R_i=R\left[1+\frac{(h_t+h_a)^2}{2R^2}-\frac{(h_t+h_a)^4}{8R^4}+\cdots\right] \tag{2.4}$$

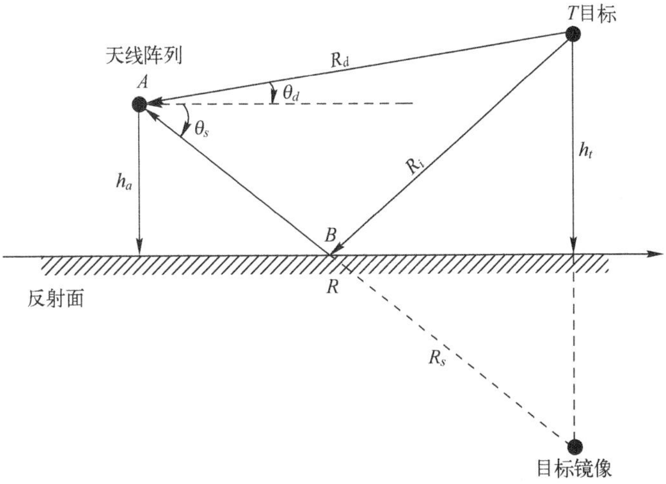


图 2.1　米波常规阵列雷达镜面多径反射信号模型

当目标飞行高度较低时，$R \gg h_a, h_t$。此时可舍弃式（2.3）和式（2.4）的高次项，仅保留二项式中前两项，得到 $R_d$ 和 $R_i$ 的近似值为

$$R_d=R+\frac{(h_t-h_a)^2}{2R} \tag{2.5}$$

$$R_i=R+\frac{(h_t+h_a)^2}{2R} \tag{2.6}$$

直达波与反射波波程差 $\Delta R$ 的表达式[5]为

$$\Delta R=R_i-R_d\approx\frac{2h_t h_a}{R} \tag{2.7}$$

则 $\Delta R$ 引起的相位差为

$$\alpha=2\pi\frac{\Delta R}{\lambda}=2\pi\frac{1}{\lambda}\frac{2h_t h_a}{R}=\frac{4\pi h_t h_a}{R\lambda} \tag{2.8}$$

式中：$\lambda$ 为信号波长。

米波雷达回波信号来自直达-直达、直达-反射、反射-直达和反射-反射四条传播路径。对于低仰角目标，常规阵列雷达因距离分辨能力有限往往无法将真实目标和镜像目标从距离上区分开，因此可仅考虑接收多径，将其看作两条反射路径，即直达-直达路径、直达-反射路径[5]。

天线第 $m$ 个阵元在 $t$ 时刻的接收数据为

$$
\begin{aligned}
x_m(t) &= s_m^{\text{直达-直达}}(t) + s_m^{\text{直达-反射}}(t) + n_m(t) \\
&= (\mathrm{e}^{-\mathrm{j}2\pi d_m \sin(\theta_d)/\lambda} + \rho \mathrm{e}^{-\mathrm{j}\alpha} \mathrm{e}^{-\mathrm{j}2\pi d_m \sin(\theta_s)/\lambda}) s(t) + n_m(t)
\end{aligned} \tag{2.9}
$$

式中：$\rho$ 为地面反射系数；$s(t)$ 为信号复包络；$n_m(t)$ 为加性高斯白噪声。

在 $t$ 时刻整个阵列接收数据为

$$
\begin{aligned}
\boldsymbol{X}(t) &= [x_1(t), \cdots, x_m(t), \cdots, x_M(t)]^{\mathrm{T}} \\
&= [\boldsymbol{a}(\theta_d), \boldsymbol{a}(\theta_s)][1, \gamma]^{\mathrm{T}} s(t) + N(t) \\
&= \boldsymbol{A}\boldsymbol{\varGamma} s(t) + \boldsymbol{N}(t)
\end{aligned} \tag{2.10}
$$

式中：$t \in (t_1, \cdots, t_L)$；$L$ 为快拍数；$M$ 为天线阵元数；$\gamma = \rho \mathrm{e}^{-\mathrm{j}\alpha}$ 表示多径衰减系数；$[\cdot]^{\mathrm{T}}$ 表示矩阵转置；$\boldsymbol{\varGamma} = [1, \gamma]^{\mathrm{T}}$；$\boldsymbol{N}(t)$ 为加性高斯白噪声矢量；$\boldsymbol{A} = [\boldsymbol{a}(\theta_d), \boldsymbol{a}(\theta_s)]$ 为信号复合导向矢量；$\boldsymbol{a}(\theta_d)$ 和 $\boldsymbol{a}(\theta_s)$ 为直达波与反射波导向矢量，其表达式为

$$
\boldsymbol{a}(\theta_d) = [1, \cdots, \mathrm{e}^{-2\mathrm{j}\pi d_m \sin(\theta_d)/\lambda}, \cdots, \mathrm{e}^{-2\mathrm{j}\pi d_M \sin(\theta_d)/\lambda}]^{\mathrm{T}} \tag{2.11}
$$

$$
\boldsymbol{a}(\theta_s) = [1, \cdots, \mathrm{e}^{-2\mathrm{j}\pi d_m \sin(\theta_s)/\lambda}, \cdots, \mathrm{e}^{-2\mathrm{j}\pi d_M \sin(\theta_s)/\lambda}]^{\mathrm{T}} \tag{2.12}
$$

根据式（2.10）可计算回波信号协方差矩阵为

$$
\boldsymbol{R}_x = E[\boldsymbol{X}(t)\boldsymbol{X}^{\mathrm{H}}(t)] = \sigma_s^2 \boldsymbol{A}\boldsymbol{\varGamma}\boldsymbol{\varGamma}^{\mathrm{H}}\boldsymbol{A}^{\mathrm{H}} + \sigma_n^2 \boldsymbol{I}_M \tag{2.13}
$$

式中：$\sigma_s^2$ 为信号的功率；$\sigma_n^2$ 为噪声的功率；$E[\cdot]$ 为数学期望；$[\cdot]^{\mathrm{H}}$ 为矩阵共轭转置；$\boldsymbol{I}_M$ 为 $M \times M$ 维单位矩阵。

由图 2.1 中的几何关系可得

$$
\sin(\theta_d) = (h_t - h_a)/R_d \tag{2.14}
$$

$$
\sin(\theta_s) = -(h_t + h_a)/R_d \tag{2.15}
$$

考虑 $R \approx R_d \approx R_i$，则由式（2.14）和式（2.15）推导出 $\theta_d$ 与 $\theta_s$ 的关系式为

$$
\theta_s = -\arcsin(\sin(\theta_d) + 2h_a/R) \approx -\theta_d \tag{2.16}
$$

通过式（2.16）可将信号复合导向矢量 $\boldsymbol{A}$ 降维，降维后的导向矢量 $\boldsymbol{A}$ 为

$$
\boldsymbol{A}_d = [\boldsymbol{a}(\theta_d), \boldsymbol{a}(-\arcsin(\sin(\theta_d) + 2h_a/R))] \tag{2.17}
$$

$\boldsymbol{R}_x$ 经降维处理后的回波信号协方差矩阵 $\boldsymbol{R}$ 的表达式为

$$
\boldsymbol{R} = \sigma_s^2 \boldsymbol{A}_d \boldsymbol{\varGamma}\boldsymbol{\varGamma}^{\mathrm{H}} \boldsymbol{A}_d^{\mathrm{H}} + \sigma_n^2 \boldsymbol{I}_M \tag{2.18}
$$

协方差矩阵 $\boldsymbol{R}$ 的估计值 $\hat{\boldsymbol{R}}$ 可依据最大似然估计准则从下式获得：

$$
\hat{\boldsymbol{R}} = \frac{1}{L}\boldsymbol{X}\boldsymbol{X}^{\mathrm{H}} \tag{2.19}
$$

式中：$\boldsymbol{X}$ 为整个阵列接收数据矩阵。

为了讨论问题方便，上述假设为单目标模型，对于非相干多目标情况，其回波是单个目标回波的和，可参照单目标模型，这里不再赘述。

# 2.3 米波常规阵列雷达典型低仰角估计算法

## 2.3.1 空间平滑算法

本节分析讨论多径反射条件下的空间平滑算法，其原理如图 2.2 所示。一个由 $M$ 个各向同性阵元组成的 ULA 被划分成 $Q$ 个相互交叠的子阵，子阵阵元数为 $N$，$Q=M-N+1$。

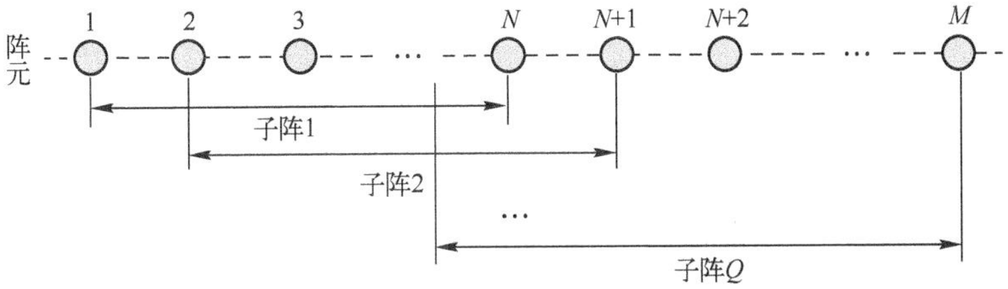


图 2.2　空间平滑原理示意图

参照式（2.10），可得子阵 1 接收数据为

$$\begin{aligned}\boldsymbol{X}_1(t)&=[x_1(t),\cdots x_m(t),\cdots x_N(t)]^{\mathrm{T}}\\&=[\boldsymbol{a}_N(\theta_d),\boldsymbol{a}_N(\theta_s)][1,\gamma]^{\mathrm{T}}s(t)+\boldsymbol{N}_1(t)\\&=\boldsymbol{A}_N\boldsymbol{\Gamma}s(t)+\boldsymbol{N}_1(t)\end{aligned}\tag{2.20}$$

式中：$\boldsymbol{A}_N=[\boldsymbol{a}_N(\theta_d),\boldsymbol{a}_N(\theta_s)]$表示 $N$ 阶信号复合导向矢量。

同理，子阵 2 接收数据为

$$\boldsymbol{X}_2(t)=\boldsymbol{A}_N\boldsymbol{D}\boldsymbol{\Gamma}s(t)+\boldsymbol{N}_2(t)\tag{2.21}$$

式中

$$\boldsymbol{D}=\begin{bmatrix}\mathrm{e}^{\mathrm{j}2\pi d\sin(\theta_d)/\lambda} & 0\\ 0 & \mathrm{e}^{\mathrm{j}2\pi d\sin(\theta_s)/\lambda}\end{bmatrix}\tag{2.22}$$

其中：$d$ 为 ULA 阵元间距。

同理，第 $q$ 个子阵接收数据为

$$\boldsymbol{X}_q(t)=\boldsymbol{A}_N\boldsymbol{D}^{q-1}\boldsymbol{\Gamma}s(t)+\boldsymbol{N}_q(t)\tag{2.23}$$

则其协方差矩阵为

$$\boldsymbol{R}_q=\sigma_s^2\boldsymbol{A}_N\boldsymbol{D}^{q-1}\boldsymbol{\Gamma}\boldsymbol{\Gamma}^{\mathrm{H}}(\boldsymbol{D}^{q-1})^{\mathrm{H}}\boldsymbol{A}_N^{\mathrm{H}}+\sigma_n^2\boldsymbol{I}_N\tag{2.24}$$

空间平滑后的阵列协方差矩阵为子阵协方差矩阵的平均值，即

$$\begin{aligned}\boldsymbol{R}_f &= \frac{1}{Q}\sum_{q=1}^{Q}\boldsymbol{R}_q \\ &= \boldsymbol{A}_N\left[\frac{1}{Q}\sigma_s^2\sum_{q=1}^{Q}\boldsymbol{D}^{q-1}\boldsymbol{\Gamma}\boldsymbol{\Gamma}^{\mathrm{H}}\ (\boldsymbol{D}^{q-1})^{\mathrm{H}}\right]\boldsymbol{A}_N^{\mathrm{H}} + \sigma_n^2\boldsymbol{I}_N \\ &= \sigma_s^2\boldsymbol{A}_N\boldsymbol{P}\boldsymbol{A}_N^{\mathrm{H}} + \sigma_n^2\boldsymbol{I}_N\end{aligned} \tag{2.25}$$

式中：$\boldsymbol{P}$ 为空间平滑后时域复包络协方差矩阵，其表达式为

$$\boldsymbol{P} = \frac{1}{Q}\sum_{q=1}^{Q}\boldsymbol{D}^{q-1}\boldsymbol{\Gamma}\boldsymbol{\Gamma}^{\mathrm{H}}\ (\boldsymbol{D}^{q-1})^{\mathrm{H}} \tag{2.26}$$

经空间平滑后可通过 MUSIC 算法[14]直接对矩阵 $\boldsymbol{R}_f$ 进行 DOA 估计，其谱峰搜索函数为

$$f_{\mathrm{MUSIC}}(\theta) = \frac{\boldsymbol{a}^{\mathrm{H}}(\theta)\boldsymbol{a}(\theta)}{\boldsymbol{a}^{\mathrm{H}}(\theta)\boldsymbol{E}_N\boldsymbol{E}_N^{\mathrm{H}}\boldsymbol{a}(\theta)} \tag{2.27}$$

式中：$\boldsymbol{a}(\theta) = [1,\cdots,\mathrm{e}^{-2\mathrm{j}\pi d\sin(\theta)/\lambda},\cdots,\mathrm{e}^{-2\mathrm{j}\pi(M-1)d\sin(\theta)/\lambda}]^{\mathrm{T}}$ 为 ULA 导向矢量；$\boldsymbol{E}_N$ 为 $\boldsymbol{R}_f$ 特征分解得到的噪声子空间。

上述方法为 FSS 算法。若在子阵阵元数不变的条件下提高平滑次数，可同时沿正反两个方向滑动子阵，得到 FBSS 算法。

定义 $K\times K$ 维变换矩阵为

$$\boldsymbol{\Pi}_K = \begin{bmatrix} 0 & & 1 \\ & \iddots & \\ 1 & & 0 \end{bmatrix} \tag{2.28}$$

则共轭倒置数据的后向空间平滑（BSS）阵列协方差矩阵为

$$\begin{aligned}\boldsymbol{R}_b &= \boldsymbol{\Pi}_N\boldsymbol{R}_f^*\boldsymbol{\Pi}_N \\ &= \sigma_s^2\boldsymbol{A}_N\left[\frac{1}{Q}\sum_{q=1}^{Q}\boldsymbol{D}^{-(N+q-2)}\ (\boldsymbol{\Gamma}\boldsymbol{\Gamma}^{\mathrm{H}})^*\ (\boldsymbol{D}^{(N+q-2)})^{\mathrm{H}}\right]\boldsymbol{A}_N^{\mathrm{H}} + \sigma_n^2\boldsymbol{I}_N\end{aligned} \tag{2.29}$$

式中：$[\cdot]^*$ 为矩阵的共轭处理。

在式（2.25）与式（2.29）的基础上，取 FSS 与 BSS 阵列协方差矩阵的平均值实现 FBSS，平滑后的协方差矩阵表达式为

$$\boldsymbol{R}_{fb} = \frac{1}{2}(\boldsymbol{R}_f+\boldsymbol{R}_b) = \frac{1}{2}(\boldsymbol{R}_f+\boldsymbol{\Pi}_N\boldsymbol{R}_f^*\boldsymbol{\Pi}_N) \tag{2.30}$$

FBSSMUSIC 算法利用式（2.30）实现解相干后再利用 MUSIC 算法进行 DOA 估计，便得到了直达波入射角估计值 $\hat{\theta}_d$。式（2.25）、式（2.29）和式（2.30）同样可利用 $\theta_d$ 与 $\theta_s$ 之间关系式（2.16）进行降维处理。

在空间平滑技术中，当子阵阵元数 $N$ 等于总阵元数 $M$ 时，得到修正 MUSIC（Modify MUSIC，MMUSIC）算法[115]。

令 $\boldsymbol{Y}(t)=\boldsymbol{\Pi}_M\boldsymbol{X}^*(t)$，则 $\boldsymbol{Y}(t)$ 的协方差矩阵为

$$\begin{aligned}\boldsymbol{R}_y&=E[\boldsymbol{Y}(t)\boldsymbol{Y}^{\mathrm{H}}(t)]\\&=\sigma_s^2\boldsymbol{\Pi}_M\boldsymbol{A}^*(\boldsymbol{\Gamma}\boldsymbol{\Gamma}^{\mathrm{H}})^*(\boldsymbol{A}^*)^{\mathrm{H}}\boldsymbol{\Pi}_M+\sigma_n^2\boldsymbol{I}_M\end{aligned}\tag{2.31}$$

则总的协方差矩阵为

$$\begin{aligned}\widetilde{\boldsymbol{R}}&=\frac{\boldsymbol{R}_x+\boldsymbol{R}_y}{2}\\&=\frac{\sigma_s^2}{2}[\boldsymbol{A}^*(\boldsymbol{\Gamma}\boldsymbol{\Gamma}^{\mathrm{H}})^*(\boldsymbol{A}^*)^{\mathrm{H}}+\boldsymbol{\Pi}_M\boldsymbol{A}^*(\boldsymbol{\Gamma}\boldsymbol{\Gamma}^{\mathrm{H}})^*(\boldsymbol{A}^*)^{\mathrm{H}}\boldsymbol{\Pi}_M]+\sigma_n^2\boldsymbol{I}_M\end{aligned}\tag{2.32}$$

MMUSIC 算法利用式（2.32）实现解相干后再利用 MUSIC 算法进行 DOA 估计便得到直达波入射角估计值$\hat{\theta}_d$。

同理，在实际计算过程中，子阵的协方差矩阵估计值$\hat{\boldsymbol{R}}_q$ 可依据最大似然准则从下式得到：

$$\hat{\boldsymbol{R}}_q=\frac{1}{L}\boldsymbol{X}_q\boldsymbol{X}_q^{\mathrm{H}}\tag{2.33}$$

式中：$\boldsymbol{X}_q$ 为子阵列接收数据矩阵。

此时，FSS、BSS 及 FBSS 后的阵列协方差矩阵估计值$\hat{\boldsymbol{R}}_f$、$\hat{\boldsymbol{R}}_b$ 和$\hat{\boldsymbol{R}}_{fb}$分别为

$$\hat{\boldsymbol{R}}_f=\frac{1}{Q}\sum_{q=1}^{Q}\hat{\boldsymbol{R}}_q\tag{2.34}$$

$$\hat{\boldsymbol{R}}_b=\boldsymbol{\Pi}_N\hat{\boldsymbol{R}}_f^*\boldsymbol{\Pi}_N\tag{2.35}$$

$$\hat{\boldsymbol{R}}_{fb}=\frac{1}{2}(\hat{\boldsymbol{R}}_f+\hat{\boldsymbol{R}}_b)\tag{2.36}$$

### 2.3.2　最大似然算法

ML 算法是一种常用且有效的基于回波信号拟合的算法，该算法已广为人知，其估计准则为

$$\hat{\theta}=-\arg\max_{\theta}\mathrm{tr}[\boldsymbol{P}_d\hat{\boldsymbol{R}}]\tag{2.37}$$

式中：$\hat{\theta}$为角度的最大似然估计；$\boldsymbol{P}_d$ 为投影至导向矢量矩阵的列向量张成的空间投影矩阵，其根据式（2.16）降维处理后的表达式为

$$\boldsymbol{P}_d=\boldsymbol{A}_d(\boldsymbol{A}_d^{\mathrm{H}}\boldsymbol{A}_d)^{-1}\boldsymbol{A}_d^{\mathrm{H}}\tag{2.38}$$

此时，ML 算法谱峰搜索函数为

$$f_{\mathrm{ML}}=\frac{1}{\det[\operatorname{trace}(\boldsymbol{I}_M-\boldsymbol{P}_d)\hat{\boldsymbol{R}}]} \tag{2.39}$$

式中：trace 为求迹运算符。

在 ML 算法原型基础上，本节分析讨论多径反射条件下精确最大似然（Refined Maximum Likelihood，RML）算法[45]，该算法对阵列结构没有要求，且具有更高的 DOA 估计精度。

当擦地角较小（目标处于低仰角区域）时，水平极化 Fresnel 反射系数的幅度近似为 1，相位近似为 180°。基于此 RML 算法利用地面反射系数 $\rho$ 的先验信息，将合成导向矢量 $\boldsymbol{A}_\gamma$ 替代复合导向矢量 $\boldsymbol{A}_d$，再用 ML 算法谱峰搜索得到目标仰角精确估计值。合成导向矢量 $\boldsymbol{A}_\gamma$ 的表达式为

$$\begin{aligned}\boldsymbol{A}_\gamma&=\boldsymbol{A\Gamma}=[\boldsymbol{a}(\theta_d),\boldsymbol{a}(\theta_s)][1,\gamma]^{\mathrm{T}}\\&=\boldsymbol{a}(\theta_d)+\gamma\boldsymbol{a}(\theta_s)\\&=\boldsymbol{a}(\theta_d)+\rho\mathrm{e}^{-\mathrm{j}\alpha}\boldsymbol{a}(-\arcsin(\sin(\theta_d)+2h_a/R))\\&=\boldsymbol{a}(\theta_d)+\rho\mathrm{e}^{-\mathrm{j}4\pi h_a\tan(\theta_d)/\lambda}\boldsymbol{a}(-\arcsin(\sin(\theta_d)+2h_a/R))\end{aligned} \tag{2.40}$$

当天线架高 $h_a$ 和波长 $\lambda$ 已知时，通过式（2.40）不难发现合成导向矢量 $\boldsymbol{A}_\gamma$ 是直达波入射角 $\theta_d$ 的一维函数，则 RML 算法谱峰搜索函数为

$$f_{\mathrm{RML}}=\frac{1}{\det[\operatorname{trace}(\boldsymbol{I}_M-\boldsymbol{P}_\gamma)\hat{\boldsymbol{R}}]} \tag{2.41}$$

式中：空间投影矩阵 $\boldsymbol{P}_\gamma=\boldsymbol{A}_\gamma(\boldsymbol{A}_\gamma^{\mathrm{H}}\boldsymbol{A}_\gamma)^{-1}\boldsymbol{A}_\gamma^{\mathrm{H}}$。

由估计理论可知，同样条件下，若信号先验知识越多，所需估计的参数就越少，则性能也越好[45]。RML 算法主要利用了地面反射系数 $\rho$ 的先验知识，因而测角误差也会大大降低，雷达测角性能会进一步提高。

但 RML 算法在使用时有以下问题。

（1）需要提前知道地面反射系数 $\rho$，而 $\rho$ 与地面反射介质、极化方式、信号频率等因素有关，其必须根据阵地情况并经反复试验校正后使用。如果 $\rho$ 与实际环境不符，对算法影响极大。在实际应用中，$\rho$ 可在 $-1\sim-0.9$ 间选取初始值，然后利用已知目标信息按照 RML 算法计算目标仰角粗估计值并与真实值比对，反复调整 $\rho$ 的取值使估计值与真实值相一致。由此可见，地面反射系数需要根据雷达阵地实际情况通过大量实验来修正，这增加了该算法的使用难度，并且 $\rho$ 随阵地湿度等环境条件变化，若调整不及时对算法精度影响很大。

（2）当天线架高 $h_a$ 与信号波长 $\lambda$ 的比值 $h_a/\lambda$ 过大时，反射波与直达波的相位差 $\alpha$ 将会存在大于 $2\pi$ 的情况，这样谱峰搜索时会出现假谱峰。一般米波雷达俯仰维波束较宽，当目标仰角小于二分之一俯仰维波束宽度时为低仰角目标，当 $\theta_d$ 最大值取 8°时，$h_a/\lambda<0.5/\tan=3.56$ 时不会出现假的谱峰。

（3）RML 算法相较于 ML 算法，其在谱峰搜索时，每次搜索都要计算一次直达波与反射波波程差引起的相位差，虽然计算量不大但一定程度增加了算法复杂度。

### 2.3.3　广义 MUSIC 算法

本节分析讨论多径反射条件下的系列广义 MUSIC 算法，该算法对阵列结构没有特殊要求。文献［39］将广义 MUSIC 算法应用于米波雷达测高中，将直达波和多径反射波入射角之间的几何关系式（2.16）代入谱峰搜索函数，在降低运算量的同时提高了测角精度。

广义 MUSIC 算法已众所周知，这里不再赘述。这里将广义 MUSIC 算法简称为 GMUSIC 算法，其降维后的谱峰搜索函数为

$$f_{\mathrm{GMUSIC1}}=\frac{\det(\boldsymbol{A}_d^{\mathrm{H}}\boldsymbol{A}_d)}{\det(\boldsymbol{A}_d^{\mathrm{H}}\boldsymbol{E}_n\boldsymbol{E}_n^{\mathrm{H}}\boldsymbol{A}_d)} \tag{2.42}$$

式中：$\boldsymbol{E}_n$ 为协方差矩阵$\hat{\boldsymbol{R}}$特征分解得到的噪声子空间；det 为求矩阵行列式运算。

文献［40］在文献［39］所提方法基础上，提出了一种目标仰角和多径衰减系数联合估计算法。该算法可在未知目标仰角情况下，通过一次搜索同时估计 DOA 和多径衰减系数。其表达式如下：

$$\boldsymbol{\Gamma}=\frac{(\boldsymbol{A}_d^{\mathrm{H}}\boldsymbol{E}_n\boldsymbol{E}_n^{\mathrm{H}}\boldsymbol{A}_d)^{-1}\boldsymbol{\omega}}{\boldsymbol{\omega}^{\mathrm{H}}\boldsymbol{A}_d^{\mathrm{H}}\boldsymbol{E}_n\boldsymbol{E}_n^{\mathrm{H}}\boldsymbol{A}_d\boldsymbol{\omega}} \tag{2.43}$$

$$f_{\mathrm{GMUSIC2}}=\frac{\boldsymbol{\Gamma}^{\mathrm{H}}\boldsymbol{A}_d^{\mathrm{H}}\boldsymbol{A}_d\boldsymbol{\Gamma}}{\boldsymbol{\Gamma}^{\mathrm{H}}\boldsymbol{A}_d^{\mathrm{H}}\boldsymbol{E}_n\boldsymbol{E}_n^{\mathrm{H}}\boldsymbol{A}_d\boldsymbol{\Gamma}} \tag{2.44}$$

式中：$\boldsymbol{\omega}=[1,0]^{\mathrm{T}}$。

文献［41］在理论推导出上述算法有效性的实质是对基本谱峰搜索方式进行加权的基础上提出了基于 IWGMUSIC 算法的低仰角估计方法。该方法估计性能更优，其表达式如下：

$$\boldsymbol{A}_d^{\mathrm{H}}\boldsymbol{A}_d=\begin{bmatrix}\Lambda & a_{12}\\ a_{21} & \Lambda\end{bmatrix} \tag{2.45}$$

$$f_{\mathrm{GMUSIC3}}=\frac{\Lambda^{2l}-(a_{12}a_{21})^{l}}{\det(\boldsymbol{A}_d^{\mathrm{H}}\boldsymbol{E}_n\boldsymbol{E}_n^{\mathrm{H}}\boldsymbol{A}_d)} \tag{2.46}$$

$$f_{\mathrm{GMUSIC4}}=\frac{(\Lambda^2-a_{12}a_{21})^l}{\det(\boldsymbol{A}_d^{\mathrm{H}}\boldsymbol{E}_n\boldsymbol{E}_n^{\mathrm{H}}\boldsymbol{A}_d)} \tag{2.47}$$

经文献［41］仿真验证，当式（2.46）中 $l\leqslant1$，式（2.47）中 $l=1.1$ 时，该算法精度最高。两个公式效果相近，本章仿真实验选取式（2.47）进行对比。

同样，借鉴 RML 算法，利用水平极化波地面反射系数 $\rho$ 的先验信息，将合成导向矢量 $\boldsymbol{A}_\gamma$ 替代复合导向矢量 $\boldsymbol{A}_d$，可以得到精确广义 MUSIC（Refined Generalized MUSIC，RGMUSIC）谱峰搜索函数为

$$f_{\mathrm{RGMUSIC}}=\frac{\det(\boldsymbol{A}_\gamma^{\mathrm{H}}\boldsymbol{A}_\gamma)}{\det(\boldsymbol{A}_\gamma^{\mathrm{H}}\boldsymbol{E}_n\boldsymbol{E}_n^{\mathrm{H}}\boldsymbol{A}_\gamma)} \tag{2.48}$$

## 2.4 仿真分析

根据 GMUSIC 算法相似程度（文献［41］已进行了对比），本节对 FBSSMUSIC、MMUSIC、IWGMUSIC、RGMUSIC、ML 和 RML 算法进行仿真对比，重点分析目标仰角、天线架高、信噪比（SNR）、快拍数、幅相误差等因素对算法仰角估计性能的影响，得到一般性的结论。

各实验基础条件设置如下：考虑一个垂直 ULA，阵元数 $M=8$，采用 FBSSMUSIC 算法时子阵阵元数 $N=5$，阵元间距 $d=0.5\lambda$，雷达工作频率 $f_0=150\mathrm{MHz}$，接收信号为水平极化波，地面反射系数 $\rho=-0.98$，添加噪声为高斯白噪声。本章采取蒙特卡罗重复实验对比不同算法的测角精度，实验次数为 100 次，角度均方根误差（Root Mean Squared Error，RMSE）公式为

$$\mathrm{RMSE}=\sqrt{\frac{1}{I}\sum_{i=1}^{I}(\hat{\theta}_i-\theta_d)^2} \tag{2.49}$$

式中：$I$ 为蒙特卡罗实验次数；$\hat{\theta}_i$ 为第 $i$ 次测得的目标仰角。

**仿真 1**　空间谱对比实验

此组实验条件为空间目标数量为 1，直达波入射角 $\theta_d=5°$，目标距离 $R_d=100\ \mathrm{km}$，信噪比 SNR=20dB，快拍数 $L=30$，天线高度 $h_a=5\mathrm{m}$，角度搜索范围为 0°~10°，搜索间隔为0.1°。各算法空间谱如图 2.3 所示，峰值处即为仰角估计值。

由图 2.3 可以发现：各算法均能准确估计目标仰角，MUSIC 系列算法谱峰比 ML 算法尖锐。随着先验信息利用增多，RML 和 RGMUSIC 算法分别比 ML 和 IWGMUSIC 算法谱峰更尖锐，性能更好。

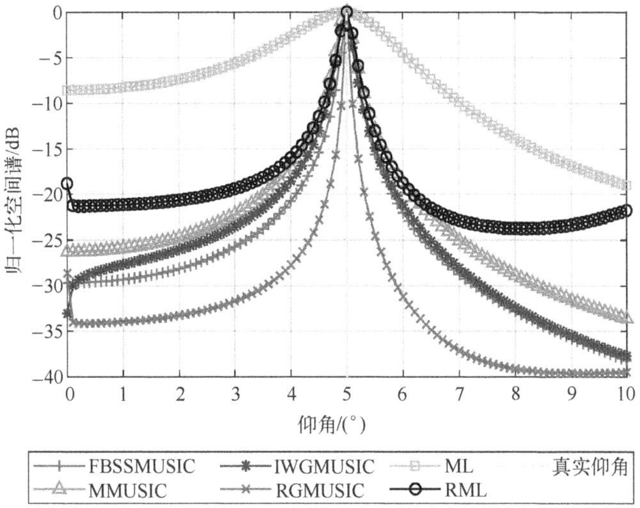


图 2.3　空间谱对比图

**仿真 2**　角度分辨力对比实验

此组实验条件为空间非相干目标数量为 2，目标 1 直达波入射角 $\theta_{d1}=3°$，目标 2 直达波入射角 $\theta_{d2}=9°$，两个目标距离均为 200km，信噪比 SNR 分别取 10dB 和 0dB，快拍数 $L=30$，天线高度 $h_a=5\text{m}$，角度搜索范围为 0°~10°，搜索间隔为 0.1°。各算法多目标空间谱如图 2.4 所示，峰值处即为两个目标的仰角估计值。

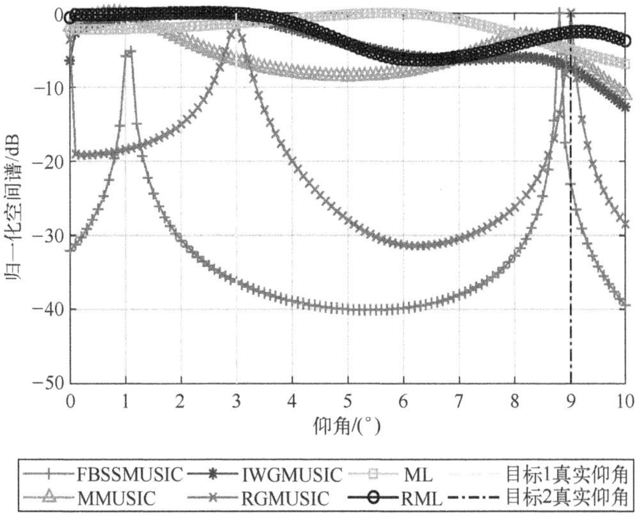


(a)

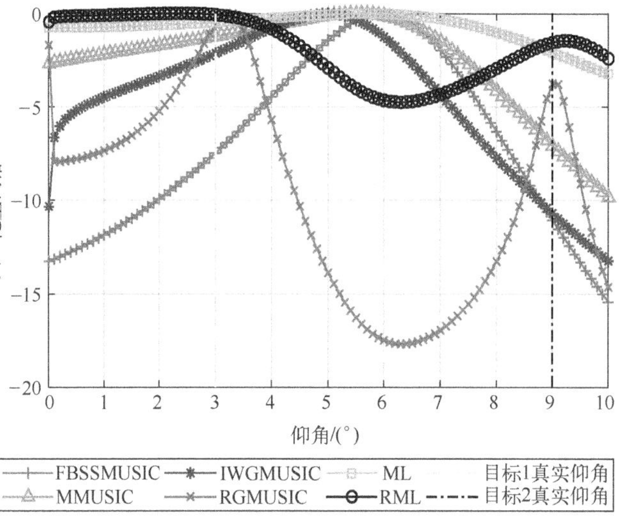


(b)

图 2.4　多目标空间谱对比图

(a) SNR = 10dB；(b) SNR = 0dB。

由图 2.4 可以发现：

① 当信噪比 SNR 取 10dB 时，除 ML 算法只有一个谱峰外其他算法均有两个谱峰，但除 RGMUSIC 和 RML 算法外其他算法仅能粗略估计两个目标仰角，测角误差较大，总体上看，在先验信息相同的情况下，MUSIC 系列算法较 ML 算法角度分辨力高。

② 当信噪比 SNR 取 0dB 时，RGMUSIC 和 RML 算法仍能清晰分辨两个目标仰角，而其他算法空间谱仅 1 个谱峰，已无法准确分辨两个目标仰角，RGMUSIC 和 RML 算法较其他算法角度分辨力更强，主要原因是 RGMUSIC 和 RML 算法利用了地面反射系数 $\rho$ 的先验信息。

**仿真 3**　目标仰角影响测角性能实验

此组实验条件为空间目标数量为 1，目标距离 $R_d = 100\text{km}$，信噪比 SNR = 10dB，快拍数 $L = 30$，天线高度 $h_a = 5\text{m}$，仰角 $\theta_d$ 取值范围为 0.6°~9°，变化间隔为 0.3°，角度搜索范围为 0°~10°，搜索间隔为0.01°。角度 RMSE 和目标仰角关系如图 2.5 (a) 所示。当空间谱曲线在直达波方向和多径反射波方向附近产生明显的谱峰，且两峰值之间的空间谱曲线为凹曲线时认为分辨成功[60]。图 2.5 (b) 所示为目标仰角变化时的分辨成功概率。

由图 2.5 (a) 可以发现：

① 角度 RMSE 与目标仰角一定程度上呈负相关的关系，但随仰角变化在区

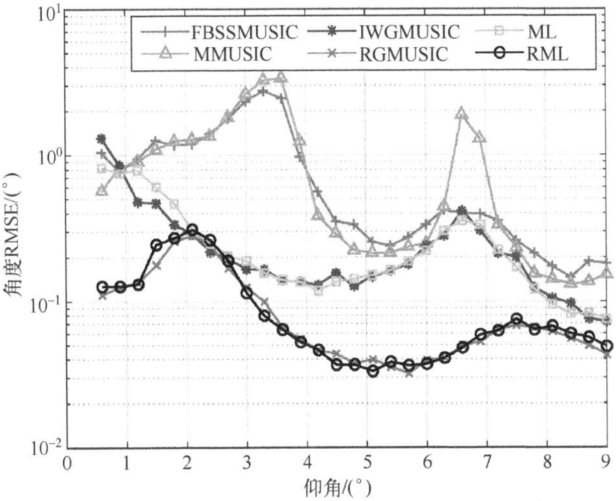


(a)

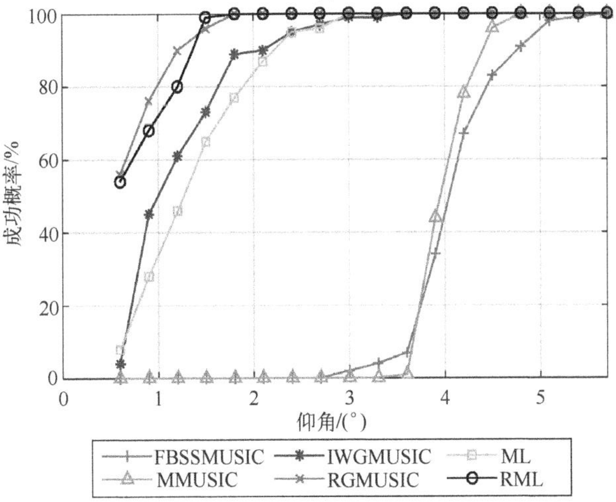


(b)

图 2.5 目标仰角对测角性能的影响

(a) 目标仰角变化时的测角精度；(b) 目标仰角变化时的分辨成功概率。

间内存在一定的起伏，主要原因是多径衰减系数相位随仰角变化出现周期性变化进而影响算法效果。当直达波和反射波角度间隔随着目标仰角变大而逐渐变大时，算法受衰减系数相位的影响逐渐变弱，角度估计精度总体上呈上升趋势。

② 整体上看，在同等仰角条件下，随着先验信息利用增多，RGMUSIC 和 RML 算法测角精度分别较 IWGMUSIC 和 ML 算法进一步提高，受多径效应影响个别仰角存在差别。

③ 在先验信息相同情况下，GMUSIC 系列算法和 ML 系列算法测角精度相近，受多径效应影响不同目标仰角互有高低。

④ 总体上看，在大部分目标仰角时 MMUSIC 算法较 FBSSMUSIC 算法测角精度高，但 MMUSIC 算法测角误差起伏度更大，在个别目标仰角时测角精度会急剧变差。

另外，当目标仰角在 3.3°以下时，MMUSIC 和 FBSSMUSIC 算法角度 RMSE 随着仰角变小而变小的原因是此时两种算法无法有效区分直达波和反射波造成的，这时两种算法仰角估计值约为 0°。

由图 2.5（b）可以发现：

① 对波束宽度内的两个相干源，随着先验信息利用增多，RGMUSIC 和 RML 算法分别较 IWGMUSIC 和 ML 算法分辨成功概率更高，具有更低的分辨率阈值。

② 整体上看，在先验信息相同情况下，GMUSIC 系列算法和 ML 系列算法分辨成功概率相近，受多径效应影响不同目标仰角互有高低。

③ MMUSIC 和 FBSSMUSIC 算法分辨成功概率最低，当目标仰角较低时无法有效区分直达波和反射波，在大部分目标仰角时 MMUSIC 算法比 FBSSMUSIC 算法的分辨成功概率更高，受多径效应影响部分仰角略有差别。

**仿真 4** 天线架高影响测角精度实验

此组实验条件为空间目标数量为 1，直达波入射角 $\theta_d=6°$，目标距离 $R_d=200\text{km}$，信噪比 SNR=10dB，快拍数 $L=30$，天线高度 $h_a$ 取值范围为 5~25m，变化间隔为 1m，角度搜索范围为 0°~10°，搜索间隔为 0.01°。角度 RMSE 和天线高度关系如图 2.6 所示。

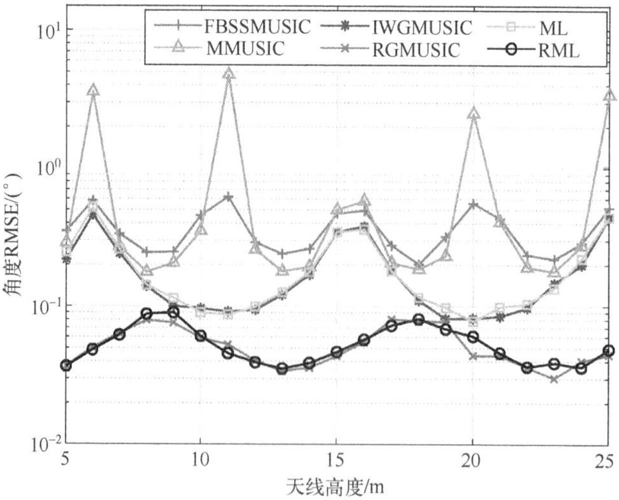


图 2.6 天线架高对测角精度的影响

由图 2.6 可以发现：

① 当 $\theta_d$ 固定（$h_t$ 近似恒定）时，测角误差随天线高度变化一定程度上呈周期性变化，主要原因是天线高度变化带来多径衰减系数相位的周期性变化，进而影响到算法效果。

② 整体上看，在同等天线架高条件下，随着先验信息利用增多，RGMUSIC 和 RML 算法分别较 IWGMUSIC 和 ML 算法的测角精度进一步提高，受多径效应影响个别天线架高存在差别。

③ 总体上看，在先验信息相同情况下，GMUSIC 算法和 ML 算法测角精度相近，受多径效应影响不同天线架高互有高低。

④ 在大部分天线架高时 MMUSIC 算法比 FBSSMUSIC 算法的测角精度高，但 MMUSIC 算法测角误差起伏度较大，在个别天线架高时测角精度会急剧变差。

**仿真 5**　信噪比影响测角精度实验

此组实验条件为空间目标数量为 1，直达波入射角 $\theta_d=4.2°$，目标距离 $R_d=200\text{km}$，天线高度 $h_a=5\text{m}$，快拍数 $L=30$，信噪比 SNR 取值范围为 $-10\sim10\text{dB}$，变化间隔为 1dB，角度搜索范围为 $0°\sim10°$，搜索间隔为 $0.01°$。角度 RMSE 与信噪比 SNR 关系如图 2.7 所示。

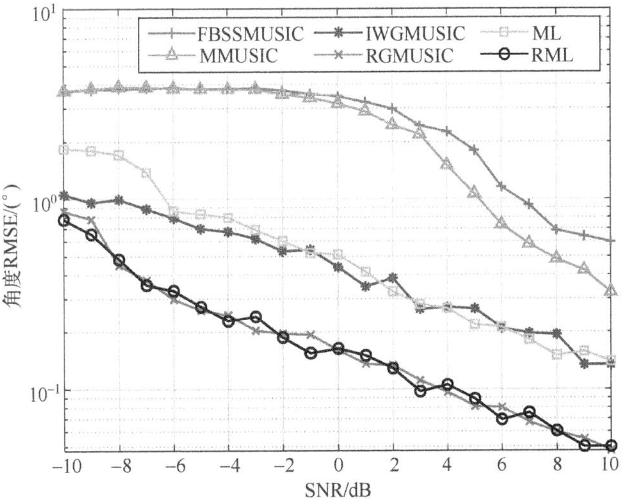


图 2.7　信噪比对测角精度的影响

由图 2.7 可以发现：

① 不同算法的测角精度与信噪比呈正相关的关系。

② 在同等信噪比条件下，随着先验信息利用增多，RGMUSIC 和 RML 算法分别较 IWGMUSIC 和 ML 算法的测角精度进一步提高。

③ 当先验信息相同时，同等信噪比条件下 GMUSIC 系列算法和 ML 系列算法测角精度相近。

**仿真 6** 快拍数影响测角精度实验

此组实验条件为空间目标数量为 1，直达波入射角 $\theta_d = 4.2°$，目标距离 $R_d = 200\text{km}$，天线高度 $h_a = 5\text{m}$，信噪比 SNR = 10dB，快拍数 $L$ 的取值范围为 2 ~ 30 次，变化间隔为 2 次，角度搜索范围为 0° ~ 10°，搜索间隔为 0.01°。角度 RMSE 和快拍数的关系如图 2.8 所示。

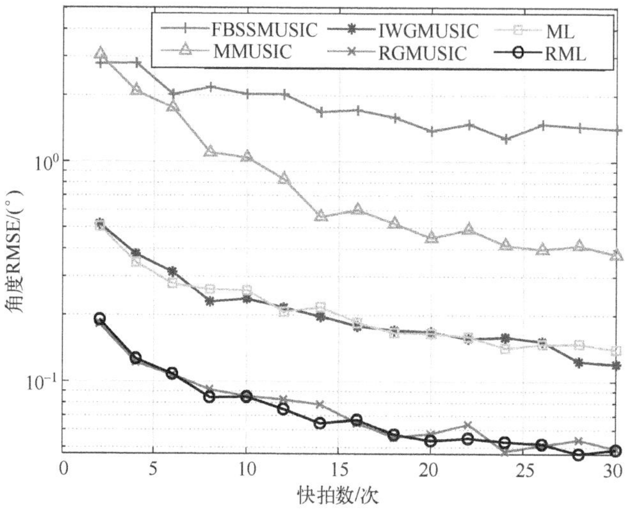


图 2.8 快拍数对测角精度的影响

由图 2.8 可以发现：

① 不同算法的测角精度与快拍数呈正相关的关系。

② 在同等快拍数条件下，随着先验信息利用增多，RGMUSIC 和 RML 算法测角精度分别较 IWGMUSIC 和 ML 算法进一步提高。

③ 当先验信息相同时，同等快拍数条件下 GMUSIC 系列算法和 ML 系列算法测角精度相近。

**仿真 7** 幅相误差影响测角精度实验

此组实验条件为空间目标数量为 1，直达波入射角 $\theta_d = 4.2°$，目标距离 $R_d = 200\text{km}$，信噪比 SNR = 10dB，快拍数 $L = 30$，天线高度 $h_a = 5\text{m}$，幅度误差和相位误差均服从均匀分布，幅度误差取值范围为 0% ~ 20%，变化间隔为 2%，相位误差取值范围为 0° ~ 45°，变化间隔为 5°，角度搜索范围为 0° ~ 10°，搜索间隔为 0.01°。角度 RMSE 与幅相误差关系如图 2.9 所示。

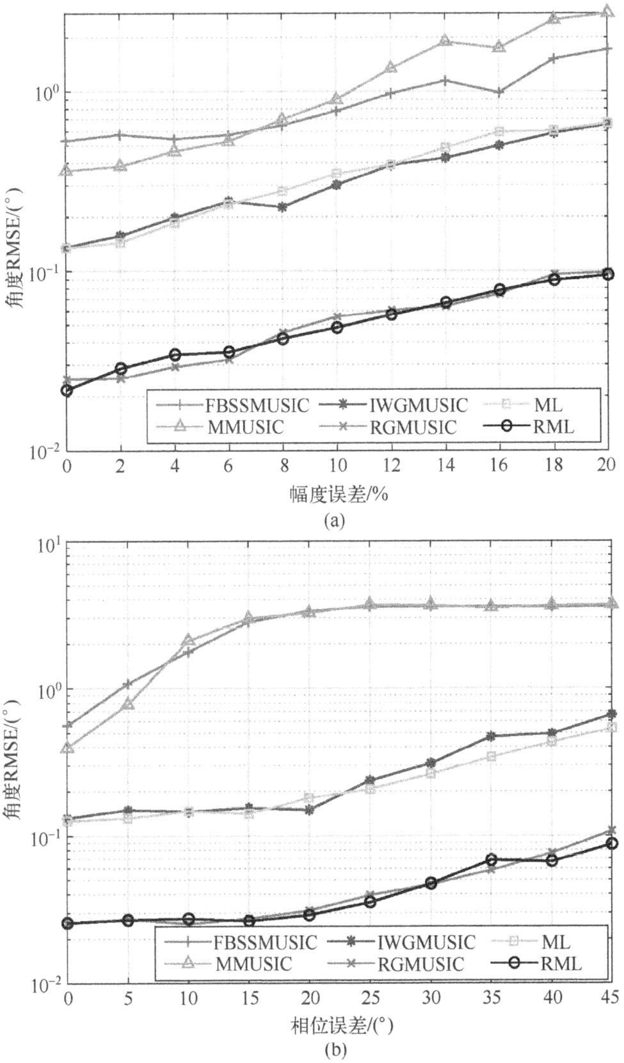


图 2.9　幅相误差对测角精度的影响

（a）存在幅度误差时的性能曲线；（b）存在相位误差时的性能曲线。

由图 2.9 可以发现：

① 随着幅相误差的增大，各算法测角性能均随之下降。

② 总体上看，在同等幅相误差条件下，随着先验信息利用增多，RGMUSIC 和 RML 算法分别较 IWGMUSIC 和 ML 算法的测角精度更高，性能更好。

③ 在同等幅相误差条件下，解相干的 FBSSMUSIC 和 MMUSIC 算法较无需解相干的 IWGMUSIC 和 ML 算法性能差。

④ 不难发现，相位误差在10°以内对无需解相干的 GMUSIC 系列算法和 ML 系列算法影响不大。

**仿真 8**　地面反射系数影响测角精度实验

此组实验条件为空间目标数量为 1，直达波入射角 $\theta_d = 4.2°$，目标距离 $R_d = 200\text{km}$，天线高度 $h_a = 5\text{m}$，信噪比 SNR 分别取 0dB 和 -6dB，快拍数 $L = 30$，地面反射系数取值范围为 -0.98 ~ -0.78，变化间隔为 0.04，角度搜索范围为 0° ~ 10°，搜索间隔为 0.01°。角度 RMSE 与地面反射系数关系如图 2.10 所示。

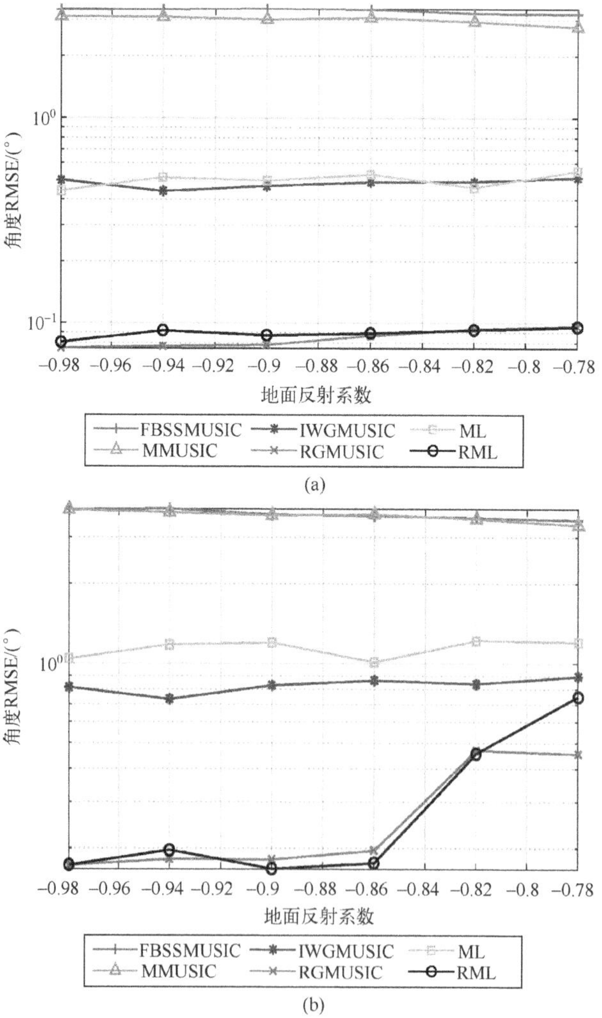


图 2.10　地面反射系数对测角性能的影响

（a）SNR = 0；（b）SNR = 10dB。

由图 2.10 可以发现：

① 地面反射系数对 FBSSMUSIC、MMUSIC、IWGMUSIC 和 ML 算法估计性能无影响，即上述四种算法不用考虑地面反射系数的影响，主要原因是上述算法中地面反射系数是未知量，谱峰搜索时并未利用。

② 对于 RGMUSIC 和 RML 算法，当 SNR 较低时，地面反射系数误差对算法估计性能影响较大，影响程度随着 SNR 降低而变大，主要原因是 RGMUSIC 和 RML 算法利用了地面反射系数的先验信息。

## 2.5 小　结

本章介绍了米波常规阵列雷达镜面多径反射信号模型，并总结归纳了空间平滑解相干和无需解相干的系列 ML 和 GMUSIC 低仰角估计算法，仿真实验在综合分析目标仰角、天线架高、信噪比、快拍数、幅相误差等因素对算法仰角估计性能的影响的基础上得到一般性的结论。仿真结果表明在同等条件下，无需解相干的系列 GMUSIC 算法和系列 ML 算法较空间平滑解相干算法测角精度更高，参数估计误差起伏度受多径效应影响更小，且算法会随着先验信息利用增多性能变好。但在实际应用中，地面反射系数与极化方式、地面反射介质和擦地角有关，一般是未知量，RGMUSIC 和 RML 算法的应用具有局限性，因此后续章节将采用更具普遍意义的 GMUSIC 和 ML 算法。

# 第 3 章　基于稀疏阵列的米波雷达低仰角估计方法分析

## 3.1 引　言

目前米波常规阵列雷达低仰角估计方法通常采用 ULA 信号模型，其阵列结构简单，适用于该模型的技术已较为成熟[116,117]，但其存在角度分辨力和测角精度不高的问题。随着作战实践的不断深入，目标探测需要更高的角度分辨力和测角精度。稀疏阵列独特的阵列结构极大扩展了阵列孔径，具有比 ULA 更好的 DOA 估计性能。为了进一步提高米波常规阵列雷达角度分辨力，文献［6］提出了一种基于互质阵虚拟阵列的低仰角估计方法，一定程度上提高了米波雷达角度分辨力，但该方法忽略了虚拟阵列中相干信号带来多余项的影响，造成测角误差较大。本章在重点分析稀疏阵虚拟阵列法不足的基础上提出一种基于物理阵列的低仰角估计方法，其具有更高的角度分辨力和测角精度，且实值处理大大降低了计算量。具体内容安排如下：3.2 节介绍了经典稀疏阵列结构及其导向矢量构造方法；3.3 节分别介绍了基于稀疏阵列虚拟阵列和物理阵列的低仰角估计方法，并分析了算法复杂度；3.4 节通过仿真实验验证了所提方法的有效性与优越性；3.5 节对本章研究内容进行小结。

## 3.2 稀疏阵列

阵元间距大于 0.5$\lambda$ 的均匀或非均匀阵列称为稀疏阵列。非均匀稀疏阵列是指阵元间距大于 0.5$\lambda$ 并且阵元间距不相等的阵列系统。一个包含 $M$ 根天线、第 $i$ 个阵元位置为 $d_i$ 的非均匀稀疏阵列结构如图 3.1 所示。

### 3.2.1 经典阵列结构

目前，常见的稀疏阵列主要有三种，最小冗余阵列[118]（Minimum Redundancy Array，MRA）、嵌套阵列[119,120]（Nested Array，NA）和互质阵列[121,122]（Co-

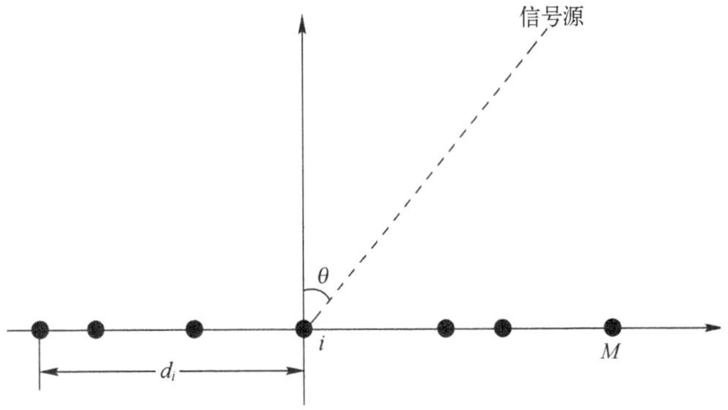


图 3.1　稀疏阵列结构

prime Array, CPA)。最小冗余阵列阵元位置仅可通过穷举或循环搜索得到，不能用表达式确定，计算量将随着阵元数过多迅速攀升，阵元配置难度会急剧增加，难以用于工程实践。因此本书主要以二阶 NA 和典型 CPA 为研究对象。

NA 由不同阵元间距的 ULA 串联而成，其物理阵元位置集合为

$$\begin{cases}\mathbb{P}_{Q_0\text{-NA}}=\bigcup\limits_{i=1}^{Q_0} P_i, \quad i=1,2,\cdots,Q_0 \\ \mathbb{P}_1=\{n_1, \quad n_1=1,2,\cdots,N_1\} \\ \mathbb{P}_i=\left\{n_i\prod\limits_{j=1}^{i-1}(N_j+1), \quad n_i=1,2,\cdots,N_i\right\}, i=2,\cdots,Q_0\end{cases} \tag{3.1}$$

式中：$Q_0$ 为嵌套阵的阶数；$Q_0,N_1,N_2,\cdots,N_K\in\mathbb{Z}^+$，$\mathbb{Z}^+$表示正整数集；$N_i$ 表示第 $i$ 阶 ULA 子阵中阵元数。当 $Q_0=2$ 时，其为经典二阶 NA 结构。如图 3.2 所示，二阶 NA 由不同阵元间距的两个 ULA 级联构成，第一级 ULA 有 $N_1$ 个阵元，阵元间距为 $d$；第二级 ULA 有 $N_2$ 个阵元，阵元间距为$(N_1+1)d$；两级 ULA 之间的阵元间距为 $d$，$d=0.5\lambda$。

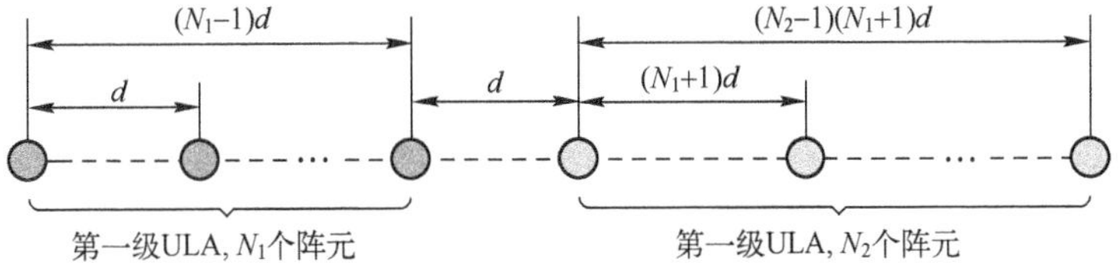


图 3.2　二阶嵌套阵结构图

二阶 NA 阵元位置集合为

$$
\begin{aligned}
\mathbb{P}_{2\text{-NA}} &= \mathbb{P}_1 \cup \mathbb{P}_2 \\
&= \{ n_1 d \mid 0 \leqslant n_1 \leqslant N_1 - 1 \} \cup \{ n_2 (N_1 + 1) d + N_1 d \mid 0 \leqslant n_2 \leqslant N_2 - 1 \}
\end{aligned} \tag{3.2}
$$

简单互质阵列（Simple Co-prime Array，SCA）结构如图 3.3 所示，由阵元间距互质的两个 ULA 交叉构成，分别记为子阵 1 和子阵 2。子阵 1 有 $N_1$ 个阵元，阵元间距为 $N_2 d$；子阵 2 有 $N_2$ 个阵元，阵元间距为 $N_1 d$。$N_1$ 和 $N_2$ 为互质整数。

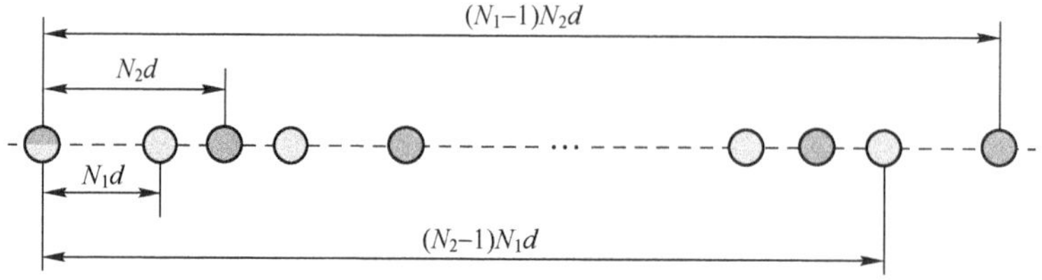


图 3.3　简单互质阵结构图

当两个子阵以原点为参考零点时，SCA 阵元位置集合为

$$
\begin{aligned}
\mathbb{P}_{\text{SCA}} &= \mathbb{P}_1 \cup \mathbb{P}_2 \\
&= \{ n_1 N_2 d \mid 0 \leqslant n_1 \leqslant N_1 - 1 \} \cup \{ n_2 N_1 d \mid 0 \leqslant n_2 \leqslant N_2 - 1 \}
\end{aligned} \tag{3.3}
$$

扩展互质阵列（Extended Co-prime Array，ECA）与 SCA 结构相似，结构如图 3.4 所示，同样由两个稀疏 ULA 组成，子阵 1 的阵元数从 $N_1$ 增加到 $2N_1$，阵元间距不变，子阵 2 不变，这样得到一个阵元数为 $2N_1+N_2-1$ 的扩展阵列。在阵元数相等的条件下，ECA 能够得到比 SCA 更大的连续虚拟孔径，但 ECA 较 SCA 物理孔径并没有得到扩展。

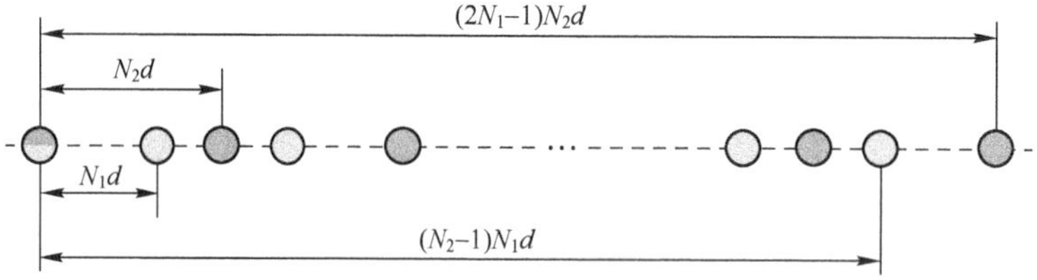


图 3.4　扩展互质阵结构图

当两个子阵以原点为参考零点时，ECA 阵元位置集合为

$$
\begin{aligned}
\mathbb{P}_{\text{ECA}} &= \mathbb{P}_1 \cup \mathbb{P}_2 \\
&= \{ n_1 N_2 d \mid 0 \leqslant n_1 \leqslant 2N_1 - 1 \} \cup \{ n_2 N_1 d \mid 0 \leqslant n_2 \leqslant N_2 - 1 \}
\end{aligned} \tag{3.4}
$$

展开互质阵列（Unfolded Co-prime Array，UCA）区别于 SCA 之处则是将 SCA 的两个子阵沿反方向排列，同样地，子阵 1 和子阵 2 阵元数分别为 $N_1$ 和 $N_2$，其阵元间距分别为 $N_2 d$ 和 $N_1 d$，子阵 1 末阵元与子阵 2 首阵元相重合，UCA

继承了 CPA 的优点，并进一步扩展了阵列物理孔径，具体阵列结构如图 3.5 所示。

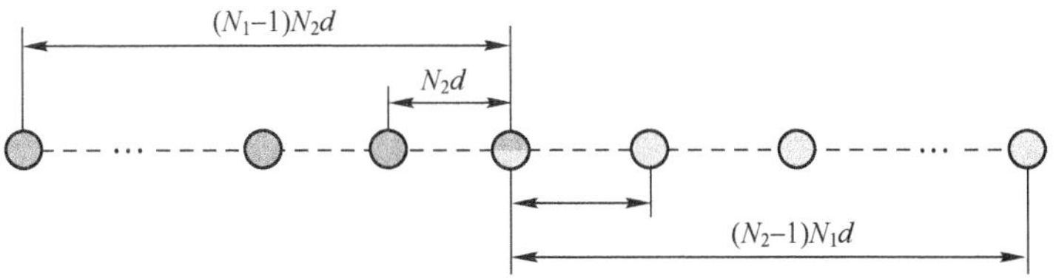


图 3.5　展开互质阵列结构

当两个子阵以原点为参考零点时，UCA 阵元位置集合为

$$\begin{aligned}\mathbb{P}_{\mathrm{UCA}} &= \mathbb{P}_1 \cup \mathbb{P}_2 \\ &= \{-n_1N_2d \mid 0 \leqslant n_1 \leqslant N_1-1\} \cup \{n_2N_1d \mid 0 \leqslant n_2 \leqslant N_2-1\}\end{aligned} \tag{3.5}$$

### 3.2.2 导向矢量构造

稀疏阵列与 ULA 最大的区别在于阵元间距的非均匀性，其导向矢量相较于 ULA 更复杂。目前主要有两种构造方法：一种是拼接构造再通过校验矩阵校正；另一种通过确定物理阵元位置直接构造。下面分别介绍这两种构造方法。

CPA 的导向矢量分别由稀疏均匀子阵 1 和稀疏均匀子阵 2 的导向矢量构成。一个阵元数为 $N_1$，阵元间距 $N_2d$ 的稀疏 ULA，其导向矢量 $\boldsymbol{a}_1(\theta_k)$ 为

$$\boldsymbol{a}_1(\theta_k) = [1, \cdots, \mathrm{e}^{-2\mathrm{j}\pi N_2 d\sin(\theta_k)/\lambda}, \cdots, \mathrm{e}^{-2\mathrm{j}\pi(n_1-1)N_2 d\sin(\theta_k)/\lambda}, \cdots, \mathrm{e}^{-2\mathrm{j}\pi(N_1-1)N_2 d\sin(\theta_k)/\lambda}]^{\mathrm{T}} \tag{3.6}$$

一个阵元数为 $N_2$，阵元间距 $N_1d$ 的稀疏 ULA，其导向矢量 $\boldsymbol{a}_2(\theta_k)$ 为

$$\boldsymbol{a}_2(\theta_k) = [1, \cdots, \mathrm{e}^{-2\mathrm{j}\pi N_1 d\sin(\theta_k)/\lambda}, \cdots, \mathrm{e}^{-2\mathrm{j}\pi(n_2-1)N_1 d\sin(\theta_k)/\lambda}, \cdots, \mathrm{e}^{-2\mathrm{j}\pi(N_2-1)N_1 d\sin(\theta_k)/\lambda}]^{\mathrm{T}} \tag{3.7}$$

则 CPA 导向矢量 $\boldsymbol{a}_{\mathrm{CPA}}(\theta)$ 为

$$\boldsymbol{a}_{\mathrm{CPA}}(\theta) = \boldsymbol{C}[\boldsymbol{a}_1(\theta)^{\mathrm{T}}\boldsymbol{a}_2(\theta)(2:N,:)^{\mathrm{T}}]^{\mathrm{T}} \tag{3.8}$$

式中：$\boldsymbol{a}_1(\theta) = [\boldsymbol{a}_1(\theta_1), \boldsymbol{a}_1(\theta_2), \cdots, \boldsymbol{a}_1(\theta_K)]^{\mathrm{T}}$；$\boldsymbol{a}_2(\theta) = [\boldsymbol{a}_2(\theta_1), \boldsymbol{a}_2(\theta_2), \cdots, \boldsymbol{a}_2(\theta_K)]^{\mathrm{T}}$；$\boldsymbol{C}$ 为校验矩阵，它由两个稀疏 ULA 在整个 CPA 中的位置决定。

例如，7 根天线阵子（$M=3, N=5$）的 SCA 的校验矩阵为

$$C=\begin{bmatrix}1&0&0&0&0&0&0\\0&0&0&1&0&0&0\\0&1&0&0&0&0&0\\0&0&0&0&1&0&0\\0&0&0&0&0&1&0\\0&0&1&0&0&0&0\\0&0&0&0&0&0&1\end{bmatrix} \tag{3.9}$$

而 10 根天线阵子（$M=3,N=5$）的 ECA 的校验矩阵为

$$C=\begin{bmatrix}1&0&0&0&0&0&0&0&0&0\\0&0&0&0&0&0&1&0&0&0\\0&1&0&0&0&0&0&0&0&0\\0&0&0&0&0&0&0&1&0&0\\0&0&0&0&0&0&0&0&1&0\\0&0&1&0&0&0&0&0&0&0\\0&0&0&0&0&0&0&0&0&1\\0&0&0&1&0&0&0&0&0&0\\0&0&0&0&1&0&0&0&0&0\\0&0&0&0&0&1&0&0&0&0\end{bmatrix} \tag{3.10}$$

UCA 和二阶 NA 由于两个稀疏 ULA 阵元无交叉，其导向矢量可有两个稀疏 ULA 直接拼接即可，这里不再赘述。下面介绍另外一种方法。

二阶 NA 可根据式（3.2）确定阵元位置，然后直接构造导向矢量，下面举例说明。若二阶 NA 第一级 ULA 阵元数 $N_1=3$，阵元间距为 $d$；第二级 ULA 阵元数 $N_2=3$，阵元间距为$(N_1+1)d=4d$；连接两级 ULA 的阵元间距为 $d$，则其物理阵元位置为$\{0,d,2d,3d,7d,11d\}$。那么该二阶 NA 导向矢量为

$$\boldsymbol{a}_{\mathrm{NA}}(\theta)=[1,\mathrm{e}^{-2\mathrm{j}\pi d\sin(\theta)/\lambda},\mathrm{e}^{-4\mathrm{j}\pi d\sin(\theta)/\lambda},\mathrm{e}^{-6\mathrm{j}\pi d\sin(\theta)/\lambda},\mathrm{e}^{-14\mathrm{j}\pi d\sin(\theta)/\lambda},\mathrm{e}^{-22\mathrm{j}\pi d\sin(\theta)/\lambda}]^{\mathrm{T}} \tag{3.11}$$

同样，CPA 可根据式（3.3）~式（3.5）确定阵元位置后直接构造导向矢量，这里不再赘述。

## 3.3 基于稀疏阵列的米波雷达低仰角估计方法

### 3.3.1 虚拟阵列法

虚拟阵列是将稀疏阵列回波信号协方差矩阵 $\boldsymbol{R}$ 向量化后的一种数学表征[6]。

文献［6］提出了一种基于互质阵虚拟阵列的低仰角估计方法，下面推广到一般稀疏阵列。

根据第 2 章信号模型，可知稀疏阵列在 $t$ 时刻的接收数据为

$$\boldsymbol{X}(t)=\boldsymbol{A\Gamma}_{\mathrm{S}}(t)+\boldsymbol{N}(t) \tag{3.12}$$

式中：$\boldsymbol{A}=[\boldsymbol{a}_{\mathrm{SA}}(\theta_d),\boldsymbol{a}_{\mathrm{SA}}(\theta_s)]$为稀疏阵列信号复合导向矢量。

稀疏阵列接收信号协方差矩阵为

$$\boldsymbol{R}=E[\boldsymbol{X}(t)\boldsymbol{X}^{\mathrm{H}}(t)]=\sigma_s^2\boldsymbol{A\Gamma\Gamma}^{\mathrm{H}}\boldsymbol{A}^{\mathrm{H}}+\sigma_n^2\boldsymbol{I}_M \tag{3.13}$$

这里协方差矩阵估计值可根据式（2.19）进行计算。

根据文献［6］中的推导，协方差矩阵 $\boldsymbol{R}$ 中的第 $i$ 行第 $j$ 列元素如下：

$$r_{ij}=E[\boldsymbol{x}_i(t)x_j^*(t)]=\begin{cases}r_{ij\_\mathrm{ULA}}+\Delta r_{ij}, & i\neq j\\ r_{ij\_\mathrm{ULA}}+\Delta r_{ij}+\sigma_n^2, & i=j\end{cases} \tag{3.14}$$

$$r_{ij\_\mathrm{ULA}}=\sigma_s^2(\mathrm{e}^{-\mathrm{j}2\pi(d_i-d_j)\sin\theta_d/\lambda}+\rho^2\mathrm{e}^{-\mathrm{j}2\pi(d_i-d_j)\sin\theta_s/\lambda}) \tag{3.15}$$

$$\Delta r_{ij}=2\rho\sigma_s^2\cos((2h_a-(d_i+d_j))2\pi\sin\theta_d/\lambda) \tag{3.16}$$

式中：$d_i,d_j(i,j=1,2,\cdots,M)$为稀疏阵列物理阵元位置。

根据文献［6］，在低仰角条件下，可分别把 $r_{ij\_\mathrm{ULA}}$ 和 $\Delta r_{ij}$ 近似作为稀疏阵列等价虚拟线阵接收信号和噪声项，虚拟阵元位置为 $d_i-d_j$，具体推导如下。

对稀疏阵列协方差矩阵 $\boldsymbol{R}$ 进行矢量化操作得到一个新矢量 $\boldsymbol{z}$：

$$\boldsymbol{z}=\mathrm{vec}(\boldsymbol{R}) \tag{3.17}$$

取对应于虚拟阵列阵元位置的二阶统计量筛选重排去冗余后作为虚拟 ULA 的等价接收信号 $\boldsymbol{Z}_x$。不难发现，$\boldsymbol{Z}_x$ 中每个位置的接收信号由 $r_{ij\_\mathrm{ULA}}$ 项和 $\Delta r_{ij}$ 项组成，相对应可得到两个矢量 $\boldsymbol{Z}_{\mathrm{ULA}}$ 和 $\Delta\boldsymbol{Z}$，$\boldsymbol{Z}_{\mathrm{ULA}}$ 是虚拟 ULA 的等效接收信号，$\Delta\boldsymbol{Z}$ 是相干信号带来的多余项，则 $\boldsymbol{Z}_x$ 可表示为

$$\boldsymbol{Z}_x=\boldsymbol{Z}_{\mathrm{ULA}}+\Delta\boldsymbol{Z} \tag{3.18}$$

根据文献［6］，由 $r_{ij\_\mathrm{ULA}}$ 的表达式（3.15）和 $\Delta r_{ij}$ 的表达式（3.16）可知，$\boldsymbol{Z}_{\mathrm{ULA}}$ 和 $\Delta\boldsymbol{Z}$ 的相关系数在 0°~8°时绝对值为 0~0.6，基于此文献［6］认为 $\boldsymbol{Z}_{\mathrm{ULA}}$ 和 $\Delta\boldsymbol{Z}$ 在低仰角条件下是弱相关的，于是 $\Delta\boldsymbol{Z}$ 可看作虚拟阵列接收的噪声项，$\boldsymbol{Z}_x$ 可近似作为虚拟 ULA 的等效接收信号。于是，稀疏阵列采用虚拟阵列法在低仰角镜面多径反射模型中近似可行。

$\boldsymbol{Z}_x$ 为二阶统计量，在统计意义上等效于单快拍虚拟信号，因此，直接用 $\boldsymbol{Z}_x$ 作为回波信号计算协方差矩阵是单秩的。文献［6］采用空间平滑的方法恢复协方差矩阵的秩，之后用 MUSIC 算法估计目标低仰角。空间平滑的方法在第 2 章有详细叙述，这里不再赘述。本节简单介绍一种用协方差矩阵空间平滑重构的算法，两者算法性能相近。

不难发现，$\boldsymbol{Z}_x$ 为 $N_x\times1$ 维虚拟阵列接收信号矩阵，这里 $N_x$ 为虚拟阵列连续阵元数，则 $\boldsymbol{R}_Z=\mathbf{Z}\times\mathbf{Z}^{\mathrm{H}}/L$ 为 $N_x\times N_x$ 维矩阵。首先将该矩阵划分成相互交错重叠沿主对角线平滑的$(N_x+1)/2$个子矩阵，每个子矩阵的维数为$[(N_x+1)/2]\times[(N_x+1)/2]$，则第 $i$ 个子矩表达式阵为 $\boldsymbol{R}_Z(i:((N_x+1)/2+i-1),i:((N_x+1)/2+i-1))$；然后将$(N_x+1)/2$个子矩阵求和取平均，可得$[(N_x+1)/2]\times[(N_x+1)/2]$维矩阵为

$$\boldsymbol{R}_C=\sum_{i=1}^{(N_x+1)/2}\boldsymbol{R}_Z(i:((N_x-1)/2+i),i:((N_x-1)/2+i)) \tag{3.19}$$

算法示意图如图 3.6 所示。

最后将 $\boldsymbol{R}_C$ 进行特征值分解后利用 MUSIC 算法估计目标低仰角。

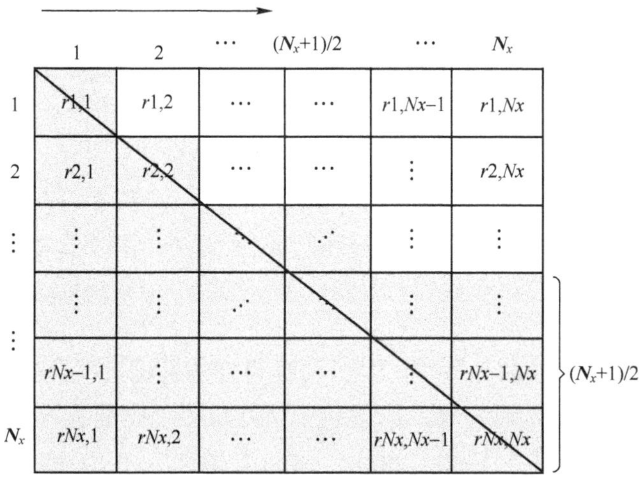


图 3.6　协方差矩阵空间平滑重构算法示意图

### 3.3.2　物理阵列法

常规阵列雷达中直达波与反射波的关系可等同于相干信号。由于稀疏阵列间距不等，故适用于 ULA 的空间平滑和矩阵重构等解相干算法不适用稀疏阵列模型。另外，GMUSIC 和 ML 算法运算量较大，基于上述原因本节对回波数据进行实值处理后利用无需解相干的 GMUSIC 算法或 ML 算法估计目标低仰角。GMUSIC 和 ML 算法可参考第 2 章。下面介绍实值域 GMUSIC 和 ML 算法。

不难发现，信号协方差矩阵式（3.13）为复数矩阵，现利用酉矩阵对接收数据进行实值处理，定义酉矩阵如下：

$$U_{2K_M+1}=\frac{1}{\sqrt{2}}\begin{bmatrix} \boldsymbol{I}_{K_M} & 0 & \mathrm{j}\boldsymbol{I}_{K_M} \\ 0^{\mathrm{T}} & \sqrt{2} & 0^{\mathrm{T}} \\ \boldsymbol{\Pi}_{K_M} & 0 & -\mathrm{j}\boldsymbol{\Pi}_{K_M} \end{bmatrix} \tag{3.20}$$

$$U_{2K_M}=\frac{1}{\sqrt{2}}\begin{bmatrix} \boldsymbol{I}_{K_M} & \mathrm{j}\boldsymbol{I}_{K_M} \\ \boldsymbol{\Pi}_{K_M} & -\mathrm{j}\boldsymbol{\Pi}_{K_M} \end{bmatrix} \tag{3.21}$$

若天线阵元数 $M$ 为奇数，采用式（3.20）进行实值处理，且 $K_M=(M-1)/2$；若 $M$ 为偶数，采用式（3.21）进行实值处理，且 $K_M=M/2$。

根据酉矩阵性质，酉矩阵可通过酉变换将 Centro-Hermitian 矩阵变为实矩阵，但 $\boldsymbol{R}$ 不是 Centro-Hermitian 矩阵。因此，需要对其进行一次双向平滑使其转换为 Centro-Hermitian 矩阵[123]：

$$\boldsymbol{R}^{fb}=\frac{1}{2}(\boldsymbol{R}+\boldsymbol{\Pi}^{\mathrm{H}}\boldsymbol{R}^{*}\boldsymbol{\Pi}) \tag{3.22}$$

然后对其进行酉变换即可得到实矩阵：

$$\boldsymbol{R}_U=\boldsymbol{U}^{\mathrm{H}}\boldsymbol{R}^{fb}\boldsymbol{U} \tag{3.23}$$

同理，回波数据协方差矩阵估计值$\hat{\boldsymbol{R}}$可从式（2.19）获得，则对$\hat{\boldsymbol{R}}$进行酉变换得到实值数据协方差矩阵$\hat{\boldsymbol{R}}_U$：

$$\hat{\boldsymbol{R}}_U=\boldsymbol{U}^{\mathrm{H}}\hat{\boldsymbol{R}}^{fb}\boldsymbol{U}=\frac{1}{2}\boldsymbol{U}^{\mathrm{H}}(\hat{\boldsymbol{R}}+\boldsymbol{\Pi}^{\mathrm{H}}\hat{\boldsymbol{R}}^{*}\boldsymbol{\Pi})\boldsymbol{U}=\frac{1}{2L}\boldsymbol{U}^{\mathrm{H}}(\boldsymbol{X}\boldsymbol{X}^{\mathrm{H}}+\boldsymbol{\Pi}^{\mathrm{H}}(\boldsymbol{X}\boldsymbol{X}^{\mathrm{H}})^{*}\boldsymbol{\Pi})\boldsymbol{U} \tag{3.24}$$

同理，实值复合导向矢量 $\boldsymbol{A}_U$ 表达式为

$$\boldsymbol{A}_U=[\boldsymbol{U}^{\mathrm{H}}\boldsymbol{a}_{\mathrm{SA}}(\theta_d),\boldsymbol{U}^{\mathrm{H}}\boldsymbol{a}_{\mathrm{SA}}(\theta_s)] \tag{3.25}$$

实值处理后即可利用 GMUSIC 算法或 ML 算法估计目标低仰角，将经过实值处理的 GMUSIC 算法和 ML 算法分别简称为 UGMUSIC 算法和 UML 算法。UGMUSIC 算法谱峰搜索函数为

$$f_{\mathrm{UGMUSIC}}=\frac{\det(\boldsymbol{A}_U^{\mathrm{H}}\boldsymbol{A}_U)}{\det(\boldsymbol{A}_U^{\mathrm{H}}\boldsymbol{U}_n\boldsymbol{U}_n^{\mathrm{H}}\boldsymbol{A}_U)} \tag{3.26}$$

式中：$\boldsymbol{U}_n$ 为$\hat{\boldsymbol{R}}_U$ 特征分解得到的实噪声子空间。

定义实值空间投影矩阵为

$$\boldsymbol{P}_u=\boldsymbol{A}_U(\boldsymbol{A}_U^{\mathrm{H}}\boldsymbol{A}_U)^{-1}\boldsymbol{A}_U^{\mathrm{H}} \tag{3.27}$$

UML 算法谱峰搜索函数为

$$f_{\mathrm{UML}}=\frac{1}{\det[\mathrm{trace}(\boldsymbol{I}_M-\boldsymbol{P}_u)\hat{\boldsymbol{R}}_U]} \tag{3.28}$$

式中：trace 为求迹运算符。利用几何关系式（2.16）可将上述谱峰搜索降维。

观察获得空间谱图，谱峰所在的位置就是直达波入射角 $\theta_d$ 的估计值$\hat{\theta}_d$。上述算法对阵列结构没有特殊要求，同时适用于 ULA 和稀疏阵列。

总结基于稀疏阵物理阵列的低仰角估计方法步骤如下。

步骤 1：根据式（2.19）计算回波数据协方差矩阵估计值$\hat{\boldsymbol{R}}$，并利用式（3.24）对其进行实值处理得到$\hat{\boldsymbol{R}}_U$。

步骤 2：对$\hat{\boldsymbol{R}}_U$ 特征分解得到的实噪声子空间 $\boldsymbol{U}_n$。

步骤 3：根据阵元位置按照稀疏阵列导向矢量构造方法计算其直达波和反射波导向矢量 $\boldsymbol{a}_{\mathrm{SA}}(\theta_d)$ 和 $\boldsymbol{a}_{\mathrm{SA}}(\theta_s)$，得到复合导向矢量 $\boldsymbol{A}=[\boldsymbol{a}_{\mathrm{SA}}(\theta_d), a_{\mathrm{SA}}(\theta_s)]$。

步骤 4：利用酉矩阵对复合导向矢量 $\boldsymbol{A}$ 进行实值处理得到实值复合导向矢量 $\boldsymbol{A}_U$，利用式（2.16）对 $\boldsymbol{A}_U$ 进行降维。

步骤 5：利用 UGMUSIC 算法或 UML 算法进行谱峰搜索，获得目标低仰角估计值$\hat{\theta}_d$。

本书所提算法复杂度主要包含以下部分：①协方差矩阵构造；②协方差矩阵特征分解；③谱峰搜索。实值处理算法还要加上实值处理算法复杂度。相比于基本算法，实值处理算法要额外计算协方差矩阵 $\boldsymbol{R}^{fb}$ 和 $\boldsymbol{R}_U$，由于交换矩阵 $\boldsymbol{\Pi}_K$ 和酉变换矩阵 $\boldsymbol{U}_M$ 均是稀疏的，所以增加的计算量很小，在此忽略不计。另外，在此忽略加法，仅考虑乘法。此外，一次复数乘法相当于四次实数乘法，于是各算法计算复杂度公式如下：

$$C_{\mathrm{GMUSIC}}=4M^2L+4M^3+4\Theta(8M+2M^2) \tag{3.29}$$

$$C_{\mathrm{ML}}=4M^2(L+M)+4\Theta(8M+2M^2+M^3) \tag{3.30}$$

$$C_{\mathrm{UGMUSIC}}=M^2L+M^3+\Theta(8M_t+2M^2) \tag{3.31}$$

$$C_{\mathrm{UML}}=M^2(L+M)+\Theta(8M+2M^2+M^3) \tag{3.32}$$

式中：$\Theta$ 为谱峰搜索次数。

图 3.7 为所提算法计算复杂度随阵元数目变化图，快拍数 $L=30$，目标数量为 1，谱峰搜索次数 $\Theta=1000$。从图 3.7 中可以看出，GMUSIC 算法较 ML 算法计算复杂度更低，随着阵元数增多，实值处理算法计算复杂度具有更大的优势。显然实值处理可极大地降低计算复杂度，大约节省 75%的计算时间。

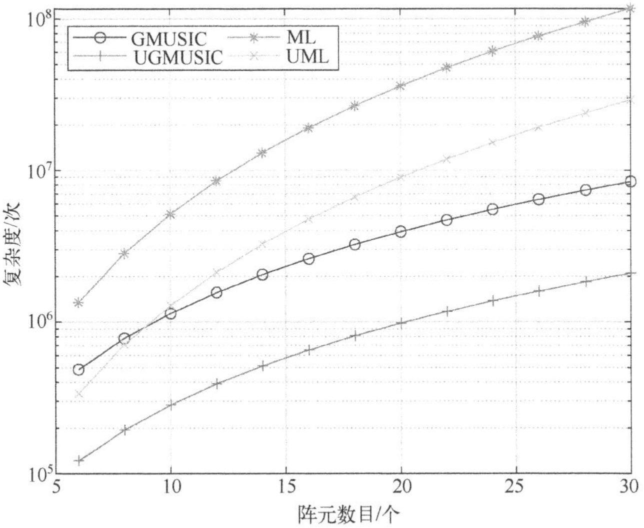


图 3.7　算法计算复杂度随阵元数目变化图

## 3.4　仿真分析

从第 2 章仿真实验中发现 GMUSIC 算法和 ML 算法精度相近，故以下实验基于物理阵列的低仰角估计方法分别采用 GMUSIC 算法和 UGMUSIC 算法。不失一般性，从典型稀疏阵列中选取二阶 NA 与 ULA 进行对比，二阶 NA 分别利用物理阵列法和虚拟阵列法进行低仰角估计。

各仿真实验基础条件一致：假设两个垂直放置的阵列天线成一维线性排布，天线 1 为 ULA，天线 2 为二阶 NA。各阵列阵元数均为 10，阵元间距 $d=0.5\lambda$，ULA 物理阵元位置为$\{0,d,2d,3d,4d,5d,6d,7d,8d,9d\}$；二阶 NA 物理阵元位置为$\{0,d,2d,3d,4d,5d,11d,17d,23d,29d\}$；雷达工作频率$f_0=300$MHz，天线架设高度 $h_a=5$m，接收信号为水平极化波，地面反射系数 $\rho=-0.98$，目标距离 $R_d=$ 200km，添加噪声为高斯白噪声。本书采取蒙特卡罗重复实验对比各阵列各算法的测角精度，实验次数为 300 次，角度 RMSE 公式可参考式（2.49）。

**仿真 1**　空间谱对比实验

此组实验条件为空间目标数量为 1，直达波入射角 $\theta_d=6°$，信噪比 SNR=0dB，快拍数 $L=30$，角度搜索范围为 0°~10°，搜索间隔为0.1°。各阵列各算法空间谱如图 3.8 所示，峰值处即为目标仰角估计值。

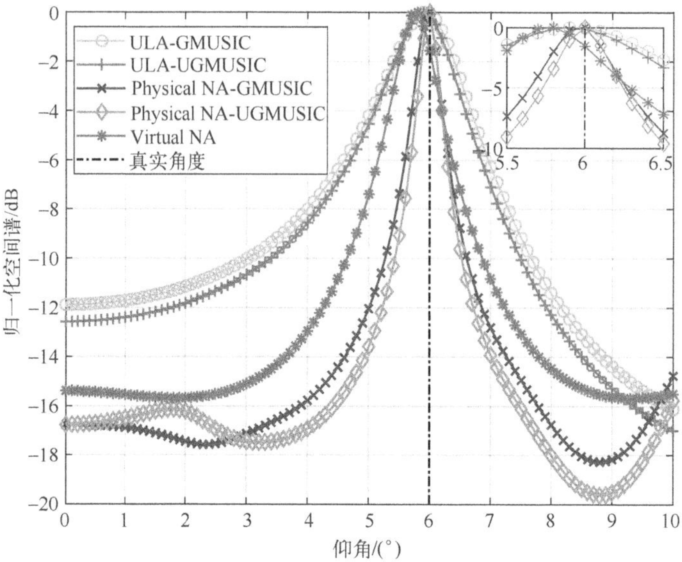


图 3.8　空间谱对比图

仿真结果表明：

① 二阶 NA 利用物理阵列法能准确估计目标仰角，且比 ULA 谱峰更尖锐，性能更佳。

② 受解相干算法和虚拟阵列法近似模型的影响，二阶 NA 使用虚拟阵列法时只能近似估计目标仰角，效果比 ULA 还要差；即在同等条件下，二阶 NA 利用物理阵列法比虚拟阵列法低仰角估计效果好。

综上所述，在此波达角度各阵列各方法仰角估计效果对比如下：二阶 NA 物理阵列法>ULA>二阶 NA 虚拟阵列法。

**仿真 2**　角度分辨力对比实验

此组实验条件为空间非相干目标数量为 2，目标 1 直达波入射角 $\theta_{d1}=3°$，目标 2 直达波入射角 $\theta_{d2}=7°$，信噪比 SNR 分别取 20dB 和 0dB，快拍数 $L=30$，天线高度 $h_a=5\text{m}$，角度搜索范围为 0°~10°，搜索间隔为0.1°。各阵列各算法多目标空间谱如图 3.9 所示，峰值处即为两个目标仰角的估计值。

仿真结果表明：

① 当信噪比 SNR 取 20dB 时，各阵列各算法空间谱均有两个谱峰，均能有效分辨两个目标，二阶 NA 谱峰较 ULA 尖锐。

② 当信噪比 SNR 取 0dB 时，二阶 NA 仍能清晰分辨两个目标仰角，但使用虚拟阵列法时测角误差较大，这是虚拟阵列法近似模型导致的，而 ULA 空间谱只有 1 个谱峰，已无法准确分辨两个目标仰角，二阶 NA 较 ULA 角度分辨力更

强，主要原因是二阶 NA 物理孔径大。

③ 受解相干算法和虚拟阵列法近似模型的影响，二阶 NA 虚拟阵列法较物理阵列法测角误差较大，即在同等条件下，二阶 NA 利用物理阵列法比虚拟阵列法角度分辨力效果好。

综上所述，各阵列各算法角度分辨力对比如下：二阶 NA 物理阵列法>二阶 NA 虚拟阵列法>ULA。

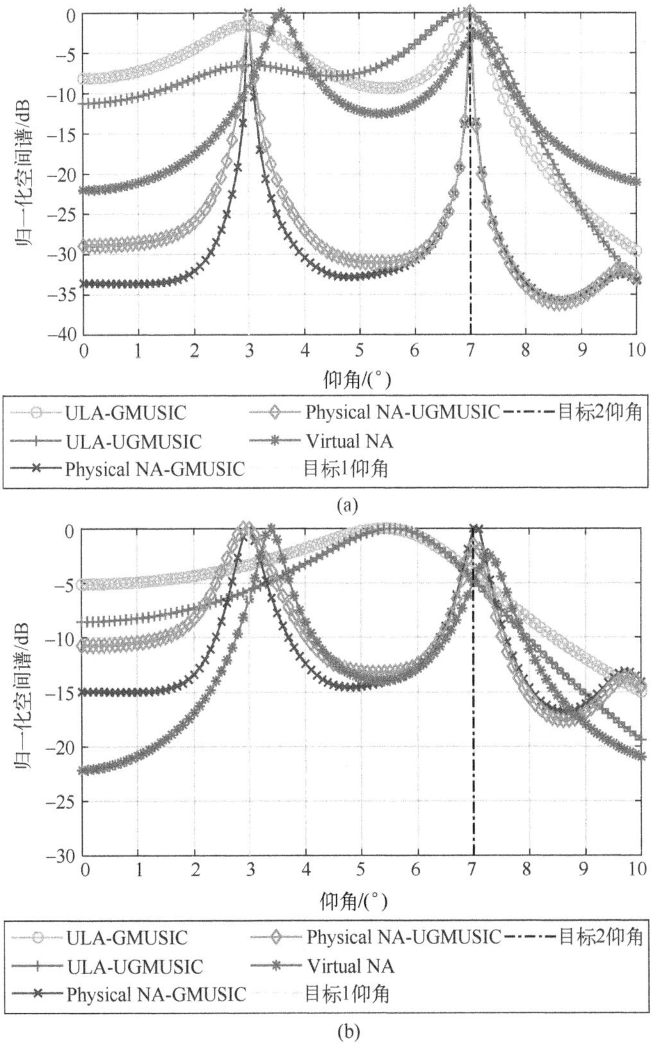


图 3.9　多目标空间谱对比图

（a）SNR＝20dB；（b）SNR＝0dB。

**仿真 3** 仰角影响测角精度实验

此组实验条件为空间目标数量为 1，信噪比 SNR = 0dB，快拍数 $L = 30$，仰角取值范围为 0.5°~8°，变化间隔为 0.5°，角度搜索范围为 0°~10°，搜索间隔为 0.01°。角度 RMSE 和仰角关系如图 3.10 所示。

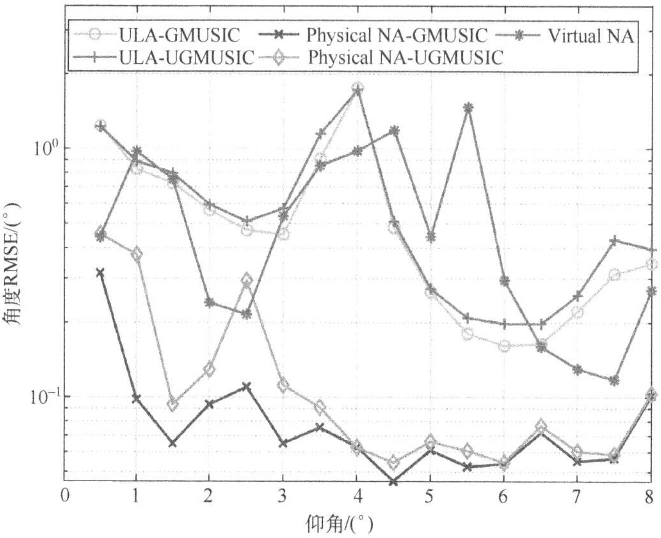


图 3.10 目标仰角对测角精度的影响

仿真结果表明：

① 各阵列角度 RMSE 与仰角一定程度上呈负相关的关系，但随仰角变化在区间内会呈现一定的起伏，主要原因是仰角变化带来直达波与反射波波程差的变化，多径衰减系数相位随之出现周期性变化，进而导致目标回波信号功率出现起伏，从而影响角度估计性能；当仰角变大时，直达波和反射波角度间隔随之变大，衰减系数相位对算法影响逐渐变小，测角性能总体上呈上升趋势。

② 综合来看，在同等仰角条件下，二阶 NA 利用物理阵列法测角精度较 ULA 高，且比虚拟阵列法效果好，受多径效应影响个别角度略有差别。

③ 对于同种阵列，在同等仰角条件下，GMUSIC 算法与 UGMUSIC 算法测角精度相近，总体上看 UGMUSIC 算法精度略低，主要原因是信号数据协方差矩阵经实值处理后虚部信息丢失所致。

④ 受虚拟阵列法近似模型和空间平滑算法的影响，虚拟阵列法受多径效应影响较大，部分角度受相干信号带来的多余项 $\Delta\boldsymbol{Z}$ 的影响精度急剧变差，在部分角度测角精度比 ULA 差。

**仿真 4**　分辨成功概率对比实验

此组实验条件为空间目标数量为 1，信噪比 SNR = 10dB，快拍数 $L=30$，仰角 $\theta_d$ 取值范围为 0.6°~6°，变化间隔为 0.3°，角度搜索范围为 0°~10°，搜索间隔为 0.1°。真实目标与镜像目标分辨成功条件同 2.4 节仿真实验 3，这里不再赘述。图 3.11 为目标仰角变化时的直达波与反射波分辨成功概率。

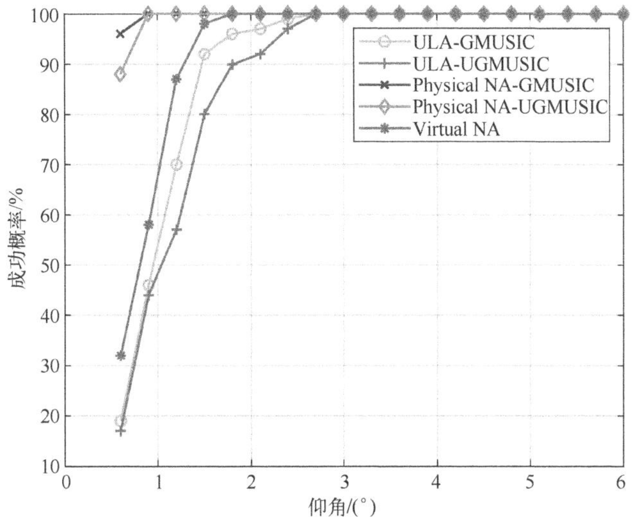


图 3.11　目标仰角变化时的分辨成功概率

对波束宽度内的两个相干源，从图 3.11 中不难看出：

① 二阶 NA 较 ULA 分辨成功概率更高，具有更低的分辨率阈值。

② 对于同一阵列，GMUSIC 算法与 UGMUSIC 算法分辨成功概率相近，UG-MUSIC 算法略低，主要原因是实值处理丢失了数据协方差矩阵虚部信息。

③ 对于二阶 NA，虚拟阵列法较物理阵列法分辨成功概率低，这是由稀疏阵列近似模型中把相干信号带来的多余项 $\Delta\boldsymbol{Z}$ 看作虚拟阵列接收的噪声引起的。

综上所述，各阵列各算法直达波与反射波分辨成功概率对比如下：二阶 NA 物理阵列法>二阶 NA 虚拟阵列法>ULA；GMUSIC 算法>UGMUSIC 算法。

**仿真 5**　信噪比影响测角精度实验

此组实验条件为空间目标数量为 1，直达波入射角 $\theta_d=6°$，快拍数 $L=30$，信噪比 SNR 的取值范围为-10~10dB，变化间隔为 1dB，角度搜索范围为 0°~10°，搜索间隔为0.01°。角度 RMSE 与信噪比关系如图 3.12 所示。

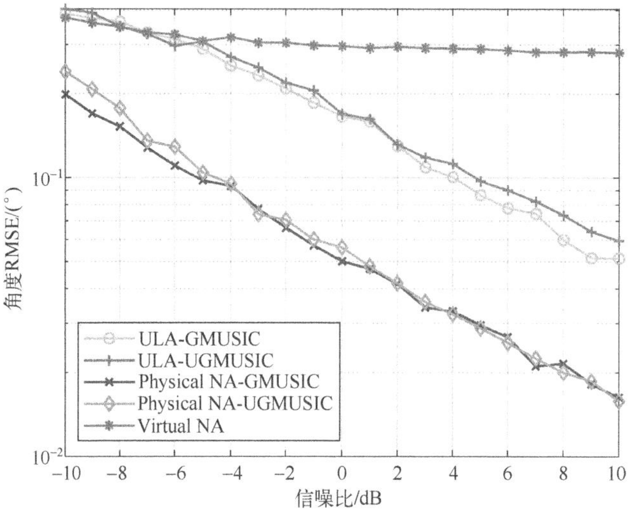


图 3.12　信噪比对测角精度的影响

仿真结果表明：

① 不同阵列不同算法的测角精度与信噪比呈正相关的关系。

② 在同等信噪比条件下，二阶 NA 利用物理阵列法测角精度比 ULA 更高。

③ 在同等信噪比条件下，二阶 NA 利用物理阵列法比虚拟阵列法效果好。

④ 对于同种阵列，在同等信噪比条件下，GMUSIC 算法和 UGMUSIC 算法测角精度相近，总体上看 UGMUSIC 算法精度略低，这是由实值处理丢失数据协方差矩阵虚部信息引起的，符合信息论原理。

⑤ 当信噪比大于一定程度后，二阶 NA 利用虚拟阵列法进行低仰角估计时测角误差基本没有变化，在0.3°左右，这是由于稀疏阵列近似模型中把相干信号带来的多余项 $\boldsymbol{\Delta Z}$ 看作虚拟阵列接收噪声引起的，空间平滑算法并不能消除近似模型中 $\boldsymbol{\Delta Z}$ 带来的不良影响。

**仿真 6**　快拍数影响测角精度实验

此组实验条件为空间目标数量为 1，直达波入射角 $\theta_d=6°$，信噪比 SNR = 0dB，快拍数 $L$ 的取值范围为 2～30 次，变化间隔为 2 次，角度搜索范围为 0°～10°，搜索间隔为 0.01°。角度 RMSE 和快拍数关系如图 3.13 所示。

仿真结果表明：

① 不同阵列不同算法的测角精度与快拍数呈正相关的关系。

② 在同等快拍数条件下，二阶 NA 利用物理阵列法测角精度比 ULA 更高。

③ 在同等快拍数条件下，二阶 NA 利用物理阵列法比虚拟阵列法效果好。

④ 对于同种阵列，在同等快拍数条件下，GMUSIC 算法和 UGMUSIC 算法测

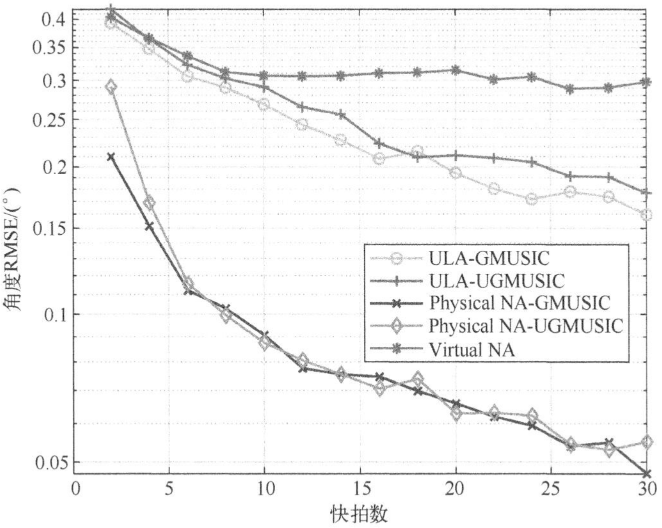


图 3.13　快拍数对测角精度的影响

角精度相近，总体上看 UGMUSIC 算法精度略低，是因为实值处理丢失数据虚部信息造成的。

⑤ 当快拍数大于一定程度后，二阶 NA 利用虚拟阵列法进行低仰角估计时测角误差基本没有变化，在0.3°左右，这是稀疏阵列虚拟阵列法近似模型引起的。

**仿真 7**　幅相误差影响测角精度实验

此组实验条件为空间目标数量为 1，直达波入射角 $\theta_d=6°$，信噪比 SNR=10dB，快拍数 $L=30$，幅度误差和相位误差均服从均匀分布，幅度误差取值范围为 0%~20%，变化间隔为 2%，相位误差取值范围为 0°~45°，变化间隔为 5°，角度搜索范围为 0°~10°，搜索间隔为0.01°。图 3.14 为各阵列各算法目标角度 RMSE 与幅相误差关系图。

由图 3.14 可以发现：

① 随着幅相误差的增大，各阵列各算法测角性能均随之下降。

② 总体上看，在同等幅相误差条件下，GMUSIC 算法与 UGMUSIC 算法测角精度相近，GMUSIC 算法性能略好。

③ 在同等幅相误差条件下，二阶 NA 利用物理阵列法较 ULA 测角精度更高，而二阶 NA 虚拟阵列法测角性能最差。

④ 不难发现，相位误差在10°以内对各阵列各算法影响不大。

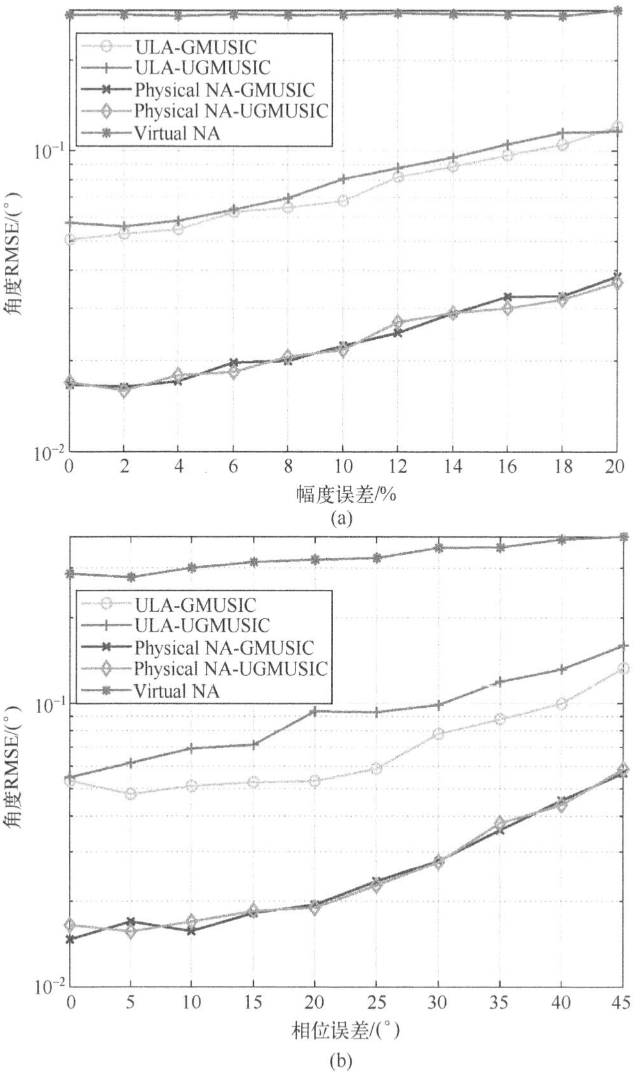


图 3.14 幅相误差对测角精度的影响

(a) 存在幅度误差时的性能曲线；(b) 存在相位误差时的性能曲线。

## 3.5 小 结

为了提高米波常规阵列雷达低仰角估计的测角精度及角度分辨力，本节在综合分析文献[6]提出的稀疏阵虚拟阵列法的基础上提出了基于物理阵列的低仰角估计方法。角度估计性能与阵列孔径成正相关，当物理阵元数目一定时稀疏阵列具有比 ULA 更大的阵列孔径，进而能够提高角度分辨力和测角精度。仿真结果表明利用物理阵列法估计目标低仰角时，稀疏阵列较 ULA 具有更高的角度分辨力和测角精度，在低快拍、低信噪比时效果更佳。受近似可行的虚拟阵列模型和解相干算法的影响，对于稀疏阵列，在同等条件下，物理阵列法比虚拟阵列法的角度分辨力及测角精度高。综合对比各项仿真结果，GMUSIC 算法和 UGMUSIC 算法测角效果相近，GMUSIC 算法效果略好，但是 UGMUSIC 算法复杂度较 GMUSIC 算法低 75%，在保证测角精度几乎不下降的情况下大大降低了算法复杂度。

# 第 4 章　基于稀疏阵列的米波 MIMO 雷达低仰角估计方法分析

## 4.1 引　　言

目前，米波 MIMO 雷达低仰角估计方法均基于 ULA 信号模型，其存在两个方面问题：一是对低空、超低空目标仰角估计精度和角度分辨力不高；二是受多径效应影响测角误差随仰角变化起伏较大。随着作战实践的不断深入，目标探测跟踪需要更高的角度分辨力、测角精度及稳定度。为进一步提高米波 MIMO 雷达仰角估计精度和角度分辨力，同时降低测角误差的起伏度，尤其是针对超低空目标，本章考虑稀疏阵列孔径优势和独特的阵列结构，将稀疏阵列作为收发天线引入单基地米波 MIMO 雷达系统，在文献［79］的基础上提出一种适用于单基地米波稀疏阵列 MIMO 雷达的低仰角估计方法。具体内容安排如下：4.2 节建立了米波稀疏阵列 MIMO 雷达镜面多径反射信号模型；4.3 节介绍了两种经典收发异址阵列结构；4.4 节在理论推导虚拟阵列法不可行的基础上提出了基于物理阵列的米波稀疏阵列 MIMO 雷达低仰角估计方法；4.5 节区分收发共址和收发异址两种情况，通过仿真实验验证了基于稀疏阵列的米波 MIMO 雷达的仰角估计性能的优越性和所提方法的有效性；4.6 节对本章研究内容进行小结。

## 4.2 米波稀疏阵列 MIMO 雷达镜面多径反射信号模型

如图 4.1 所示，考虑一个单基地米波稀疏阵列 MIMO 雷达系统，阵列天线垂直放置，发射和接收阵元数分别为 $M$ 和 $N$ 个，其位置分别为 $\mathbb{P}_t=\{p_{tm}\mid m=1,2,\cdots,M\}$ 和 $\mathbb{P}_r=\{p_{rn}\mid n=1,2,\cdots,N\}$，这里假设反射面为光滑平坦的地面。

米波 MIMO 雷达需考虑发射多径，则经空气传播到达目标处的发射信号为

$$\boldsymbol{x}(t)=[\boldsymbol{a}_t(\theta_d)+\rho e^{-jk_0\Delta R}\boldsymbol{a}_t(\theta_s)]^{\mathrm{T}}\boldsymbol{\varphi}(t) \tag{4.1}$$

式中：$k_0=2\pi/\lambda$；$\theta_d$ 和 $\theta_s$ 分别表示直达波和反射波入射角。

观察图 4.1 不难发现，直达波与反射波波程差 $\Delta R$ 的计算公式为 $\Delta R\approx$

$2h_a\sin\theta_d$，$h_a$ 为天线高度，$\boldsymbol{a}_t(\theta_d)$ 和 $\boldsymbol{a}_t(\theta_s)$ 为发射导向矢量，其表达式如下：

$$\boldsymbol{a}_t(\theta_d)=[1,\mathrm{e}^{-\mathrm{j}2\pi p_{t2}\sin\theta_d/\lambda},\cdots,\mathrm{e}^{-\mathrm{j}2\pi p_{tm}\sin\theta_d/\lambda},\cdots,\mathrm{e}^{-\mathrm{j}2\pi p_{tM}\sin\theta_d/\lambda}]^{\mathrm{T}} \tag{4.2}$$

$$\boldsymbol{a}_t(\theta_s)=[1,\mathrm{e}^{-\mathrm{j}2\pi p_{t2}\sin\theta_s/\lambda},\cdots,\mathrm{e}^{-\mathrm{j}2\pi p_{tm}\sin\theta_s/\lambda},\cdots,\mathrm{e}^{-\mathrm{j}2\pi p_{tM}\sin\theta_s/\lambda}]^{\mathrm{T}} \tag{4.3}$$

式中：$p_{tm}\in\mathbb{P}_t$，代表发射阵元位置，且 $p_{t1}=0$。

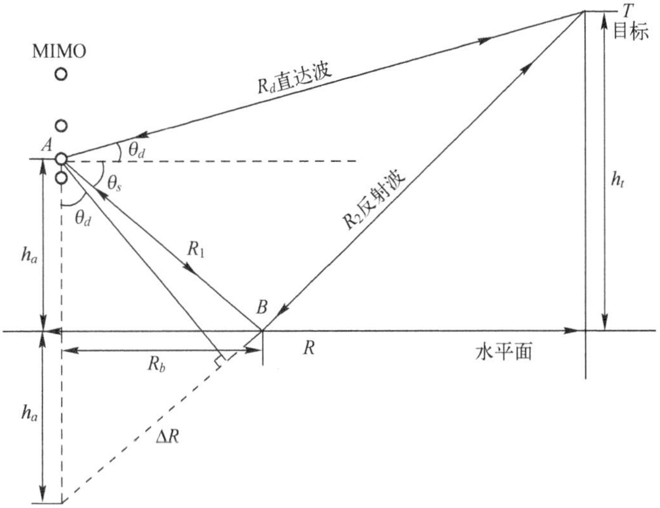


图 4.1　米波 MIMO 雷达镜面多径反射信号模型

考虑接收多径，则第 $n$ 个阵元的接收信号为

$$z_n(t,\tau)=[a_{r,n}(\theta_d)+\rho\mathrm{e}^{-\mathrm{j}k_0\Delta R}a_{r,n}(\theta_s)]\beta(\tau)\boldsymbol{x}(t)+v_n(t,\tau) \tag{4.4}$$

式中：$\beta(\tau)=\alpha\mathrm{e}^{\mathrm{j}2\pi f_d\tau}$ 为不同脉冲下目标的复反射系数，$f_d$ 为多普勒频率。

整个阵列接收信号为

$$\boldsymbol{z}(t,\tau)=[\boldsymbol{a}_r(\theta_d)+\rho\mathrm{e}^{-\mathrm{j}k_0\Delta R}\boldsymbol{a}_r(\theta_s)]\beta(\tau)[\boldsymbol{a}_t(\theta_d)+\rho\mathrm{e}^{-\mathrm{j}k_0\Delta R}\boldsymbol{a}_t(\theta_s)]^{\mathrm{T}}\boldsymbol{\varphi}(t)+\boldsymbol{v}(t,\tau) \tag{4.5}$$

令 $p_{rn}\in\mathbb{P}_r$，代表接收阵元位置，且 $p_{r1}=0$。$\boldsymbol{a}_r(\theta_d)$ 和 $\boldsymbol{a}_r(\theta_s)$ 为接收导向矢量，其表达式如下：

$$\boldsymbol{a}_r(\theta_d)=[1,\mathrm{e}^{-\mathrm{j}2\pi p_{r2}\sin\theta_d/\lambda},\cdots,\mathrm{e}^{-\mathrm{j}2\pi p_{rn}\sin\theta_d/\lambda},\cdots,\mathrm{e}^{-\mathrm{j}2\pi p_{rN}\sin\theta_d/\lambda}]^{\mathrm{T}} \tag{4.6}$$

$$\boldsymbol{a}_r(\theta_s)=[1,\mathrm{e}^{-\mathrm{j}2\pi p_{r2}\sin\theta_s/\lambda},\cdots,\mathrm{e}^{-\mathrm{j}2\pi p_{rn}\sin\theta_s/\lambda},\cdots,\mathrm{e}^{-\mathrm{j}2\pi p_{rN}\sin\theta_s/\lambda}]^{\mathrm{T}} \tag{4.7}$$

MIMO 雷达的发射信号 $\boldsymbol{\varphi}(t)\in\mathbb{C}^{M\times1}$ 是相互正交的，其满足

$$\int_0^{T_p}\boldsymbol{\varphi}(t)\boldsymbol{\varphi}(t)^{\mathrm{H}}\mathrm{d}t=\boldsymbol{I}_M \tag{4.8}$$

式中：$T_p$ 为一个脉冲持续时间。

利用发射信号对式（4.5）匹配滤波后，可得

$$\begin{aligned} \boldsymbol{Z} &= \int_0^{T_p} z(t,\tau)\boldsymbol{\varphi}(t)^{\mathrm{H}}\mathrm{d}t \\ &= [\boldsymbol{a}_r(\theta_d) + \rho \mathrm{e}^{-\mathrm{j}k_0\Delta R}\boldsymbol{a}_r(\theta_s)]\beta(\tau)[\boldsymbol{a}_t(\theta_d) + \rho \mathrm{e}^{-\mathrm{j}k_0\Delta R}\boldsymbol{a}_t(\theta_s)]^{\mathrm{T}} + \boldsymbol{V}(\tau) \end{aligned} \tag{4.9}$$

对 $\boldsymbol{Z}$ 矢量化操作可得（vec 代表矢量化操作）

$$\begin{aligned} \boldsymbol{Y} &= \mathrm{vec}(\boldsymbol{Z}) \\ &= [\boldsymbol{a}_t(\theta_d) + \rho \mathrm{e}^{-\mathrm{j}k_0\Delta R}\boldsymbol{a}_t(\theta_s)] \otimes [\boldsymbol{a}_r(\theta_d) + \rho \mathrm{e}^{-\mathrm{j}k_0\Delta R}\boldsymbol{a}_r(\theta_s)]\beta(\tau) + \mathrm{vec}[\boldsymbol{V}(\tau)] \\ &= \bar{\boldsymbol{A}}\beta(\tau) + \boldsymbol{V} \end{aligned} \tag{4.10}$$

式中：$\bar{\boldsymbol{A}}$ 为米波 MIMO 雷达复合导向矢量，其表达式为

$$\bar{\boldsymbol{A}} = [\boldsymbol{a}_t(\theta_d) + \gamma\boldsymbol{a}_t(\theta_s)] \otimes [\boldsymbol{a}_r(\theta_d) + \gamma\boldsymbol{a}_r(\theta_s)] \tag{4.11}$$

式中：$\otimes$代表 kron 积；$\gamma = \rho \mathrm{e}^{-\mathrm{j}k_0\Delta R}$；$\boldsymbol{V}$ 为经过匹配滤波和矢量化操作后的噪声。由文献［124］可知，如果原始噪声为高斯白噪声，则 $\boldsymbol{V}$ 仍为高斯白噪声。

单基地 MIMO 雷达可分为收发共址与收发异址两类。对于远场窄带信号，收发异址与收发共址单基地米波 MIMO 雷达直达波和反射波入射角相同，只是发射接收阵列不同而已。收发共址时发射接收阵列为同一阵列，收发异址时发射接收阵列为不同阵列。由此可见，信号模型没有本质不同，只是复合导向矢量 $\bar{\boldsymbol{A}}$ 不同，从而会有不同的孔径扩展结果。对于收发共址阵列，导向矢量有如下关系：

$$\boldsymbol{a}_r(\theta_d) = \boldsymbol{a}_t(\theta_d) \tag{4.12}$$

$$\boldsymbol{a}_r(\theta_s) = \boldsymbol{a}_t(\theta_s) \tag{4.13}$$

为了讨论问题方便，上述信号模型研究对象为单目标，且只存在一条反射路径。对于非相干多目标情况，其回波信号是单目标回波的简单叠加，整个阵列回波信号矩阵推导过程不再赘述，这里直接给出结论。

假设米波 MIMO 雷达俯仰角波束宽度内有 $K$ 个非相干目标，其距离相等，即雷达无法从时域上将其分辨。各目标直达波和反射波入射角分别为 $\theta_{dk}$ 和 $\theta_{sk}$ $(k=1,2,\cdots,K)$。

矢量化后的回波信号矩阵表达式为

$$\boldsymbol{Y} = \boldsymbol{A}_t \odot \boldsymbol{A}_r \boldsymbol{\Psi} + \boldsymbol{W} = \bar{\boldsymbol{A}}\boldsymbol{\Psi} + \boldsymbol{V} \tag{4.14}$$

式中：$\odot$代表 Khatri-Rao 积；$\boldsymbol{\Psi} = [\beta_1, \beta_2, \cdots \beta_K]$，为目标复反射系数矩阵，其与各个目标多普勒频移相关。

式（4.14）中复合导向矢量 $\bar{\boldsymbol{A}}$ 的表达式为

$$\begin{aligned}\overline{\boldsymbol{A}} &= \boldsymbol{A}_t \odot \boldsymbol{A}_r \\ &= \boldsymbol{A}_t(\theta_d,\theta_s) \odot \boldsymbol{A}_r(\theta_d,\theta_s) \\ &= [\boldsymbol{A}_t(\theta_{d1},\theta_{s1}) \otimes \boldsymbol{A}_r(\theta_{d1},\theta_{s1}), \boldsymbol{A}_t(\theta_{d2},\theta_{s2}) \otimes \boldsymbol{A}_r(\theta_{d2},\theta_{s2}), \\ &\quad \cdots, \boldsymbol{A}_t(\theta_{dk},\theta_{sk}) \otimes \boldsymbol{A}_r(\theta_{dk},\theta_{sk}), \cdots, \boldsymbol{A}_t(\theta_{dK},\theta_{sK}) \otimes \boldsymbol{A}_r(\theta_{dK},\theta_{sK})]\end{aligned} \tag{4.15}$$

式中：$\boldsymbol{A}_t(\theta_{dk},\theta_{sk}) = \boldsymbol{a}_t(\theta_{dk}) + \gamma \boldsymbol{a}_t(\theta_{sk})$；$\boldsymbol{A}_r(\theta_{dk},\theta_{sk}) = \boldsymbol{a}_r(\theta_{dk}) + \gamma \boldsymbol{a}_r(\theta_{sk})$。

## 4.3 两种经典收发异址阵列结构

### 4.3.1 对称嵌套阵列

图 4.2 为对称嵌套阵列[125]（Symmetrical Nested Array，SNA）结构示意图。2 个 ULA 以原点为中心对称排列，发射阵列阵元间距为 $d$，有 $M=4N_1-1$ 个阵元；接收阵列阵元间距为 $2N_1 d$，有 $N=2N_2-1$ 个阵元。

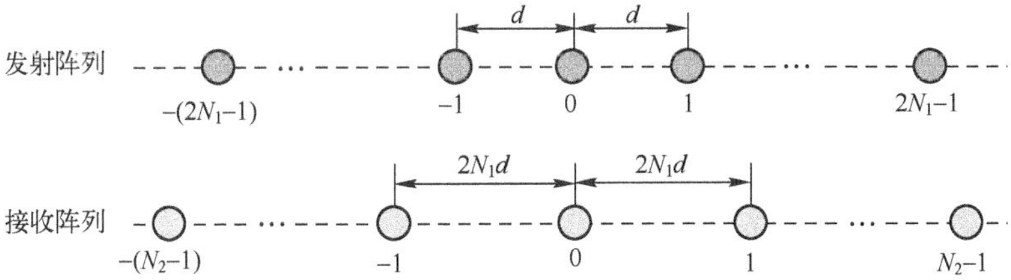


图 4.2　对称嵌套阵列结构图

则发射阵列阵元位置集合$\mathbb{S}_t$为

$$\begin{cases}\mathbb{S}_t = \mathbb{S}_{t1} \cup \mathbb{S}_{t2} \\ \mathbb{S}_{t1} = \{s_{t1} \mid s_{t1} = -n_1 d, 0 \leqslant n_1 \leqslant 2N_1 - 1\} \\ \mathbb{S}_{t2} = \{s_{t2} \mid s_{t2} = n_1 d, 0 \leqslant n_1 \leqslant 2N_1 - 1\}\end{cases} \tag{4.16}$$

式中：$\mathbb{S}_{t1}$和$\mathbb{S}_{t2}$分别代表左半部分和右半部分发射阵元位置集合。

接收阵列阵元位置集合$\mathbb{S}_r$为

$$\begin{cases}\mathbb{S}_r = \mathbb{S}_{r1} \cup \mathbb{S}_{r2} \\ \mathbb{S}_{r1} = \{s_{r1} \mid s_{r1} = -2N_1 n_2 d, 0 \leqslant n_2 \leqslant N_2 - 1\} \\ \mathbb{S}_{r2} = \{s_{r2} \mid s_{r2} = 2N_1 n_2 d, 0 \leqslant n_2 \leqslant N_2 - 1\}\end{cases} \tag{4.17}$$

式中：$\mathbb{S}_{r1}$和$\mathbb{S}_{r2}$分别代表左半部分和右半部分接收阵元位置集合。

### 4.3.2 收发翻转互质阵列

图 4.3 为收发翻转互质阵列[126]（Flipped Coprime Array，FCA）结构示意图。收发阵列均采用增广 UCA，发射阵列子阵 1 有 $2N_1$ 个阵元，阵元间距为 $N_2d$，子阵 2 有 $N_2$ 个阵元，阵元间距为 $N_1d$。接收阵列与发射阵列阵元位置沿原点对称。

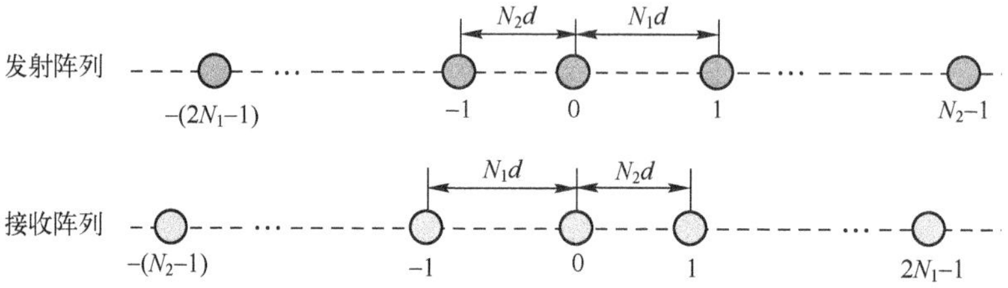


图 4.3 收发翻转互质阵列结构图

发射阵元位置集合$\mathbb{P}_t$为

$$\begin{cases}\mathbb{P}_t=\mathbb{P}_{t1}\cup\mathbb{P}_{t2}\\ \mathbb{P}_{t1}=\{p_{t1}\mid p_{t1}=-N_2md,0\leqslant n_1\leqslant 2N_1-1\}\\ \mathbb{P}_{t2}=\{p_{t2}\mid p_{t2}=N_1nd,0\leqslant n_2\leqslant N_2-1\}\end{cases}\tag{4.18}$$

式中：$\mathbb{P}_{t1}$和$\mathbb{P}_{t2}$分别代表左半部分和右半部分发射阵元位置集合。

接收阵元位置集合$\mathbb{P}_r$为

$$\begin{cases}\mathbb{P}_r=\mathbb{P}_{r1}\cup\mathbb{P}_{r2}\\ \mathbb{P}_{r1}=\{p_{r1}\mid p_{r1}=N_1n_2d,0\leqslant n_2\leqslant N_2-1\}\\ \mathbb{P}_{r2}=\{p_{r2}\mid p_{r2}=N_2n_1d,0\leqslant n_1\leqslant 2N_1-1\}\end{cases}\tag{4.19}$$

式中：$\mathbb{P}_{r1}$和$\mathbb{P}_{r2}$分别代表左半部分和右半部分接收阵元位置集合。

## 4.4 基于稀疏阵列的米波 MIMO 雷达低仰角估计方法

### 4.4.1 虚拟阵列法可行性分析

下面以收发共址阵列为研究对象，推导单基地米波稀疏阵列 MIMO 雷达低仰角估计虚拟阵列法的可行性。

对于如式（4.9）的单快拍数据，将其化简变形可得

$$\begin{aligned}\boldsymbol{Z}&=[\boldsymbol{a}_r(\theta_d)\cdot\boldsymbol{a}_t(\theta_d)\ \ \boldsymbol{a}_r(\theta_d)\cdot\boldsymbol{a}_t(\theta_s)\ \ \boldsymbol{a}_r(\theta_s)\cdot\boldsymbol{a}_t(\theta_d)\ \ \boldsymbol{a}_r(\theta_s)\cdot\boldsymbol{a}_t(\theta_s)]\\&\quad\cdot[1\ \ \gamma\ \ \gamma\ \ \gamma^2]^{\mathrm{T}}\beta(\tau)+\boldsymbol{V}(\tau)\\&=\bar{\boldsymbol{a}}(\theta)[1\ \ \gamma\ \ \gamma\ \ \gamma^2]^{\mathrm{T}}\beta(\tau)+\boldsymbol{V}(\tau)\end{aligned}\tag{4.20}$$

其协方差矩阵 $\boldsymbol{R}_m$ 为

$$\boldsymbol{R}_m=E[\boldsymbol{Z}\boldsymbol{Z}^{\mathrm{H}}]=\alpha^2\overline{\boldsymbol{a}}(\theta)\boldsymbol{\Lambda}\overline{\boldsymbol{a}}^{\mathrm{H}}(\theta)+\sigma_n^2\boldsymbol{I}_M \tag{4.21}$$

式中：$\alpha^2=\sigma_s^2=E[\beta(\tau)\beta(\tau)^{\mathrm{H}}]$ 和 $\sigma_n^2=E[\boldsymbol{V}(\tau)\boldsymbol{V}(\tau)^{\mathrm{H}}]$ 分别代表信号功率和噪声功率；$\boldsymbol{\Lambda}$ 的表达式为

$$\begin{aligned}\boldsymbol{\Lambda}&=[1\quad \rho\mathrm{e}^{-\mathrm{j}k_0\Delta R}\quad \rho\mathrm{e}^{-\mathrm{j}k_0\Delta R}\quad \rho^2\mathrm{e}^{-\mathrm{j}2k_0\Delta R}]^{\mathrm{T}}[1\quad \rho\mathrm{e}^{\mathrm{j}k_0\Delta R}\quad \rho\mathrm{e}^{\mathrm{j}k_0\Delta R}\quad \rho^2\mathrm{e}^{\mathrm{j}2k_0\Delta R}]\\&=\begin{bmatrix}1 & \rho\mathrm{e}^{\mathrm{j}k_0\Delta R} & \rho\mathrm{e}^{\mathrm{j}k_0\Delta R} & \rho^2\mathrm{e}^{\mathrm{j}2k_0\Delta R}\\ \rho\mathrm{e}^{-\mathrm{j}k_0\Delta R} & \rho^2 & \rho^2 & \rho^3\mathrm{e}^{\mathrm{j}k_0\Delta R}\\ \rho\mathrm{e}^{-\mathrm{j}k_0\Delta R} & \rho^2 & \rho^2 & \rho^3\mathrm{e}^{\mathrm{j}k_0\Delta R}\\ \rho^2\mathrm{e}^{-\mathrm{j}2k_0\Delta R} & \rho^3\mathrm{e}^{-\mathrm{j}k_0\Delta R} & \rho^3\mathrm{e}^{-\mathrm{j}k_0\Delta R} & \rho^4\end{bmatrix}\end{aligned} \tag{4.22}$$

根据镜面反射信号模型中的暗含条件，目标仰角为正，多径仰角为负，二者大致相等[6]，即 $\theta_d=-\theta_s$，考虑到目标仰角为锐角，则 $\sin\theta_s=\sin(-\theta_d)=-\sin\theta_d$。对于收发共址阵列，存在 $\boldsymbol{a}_t(\theta_d)=\boldsymbol{a}_r(\theta_d)$ 和 $\boldsymbol{a}_t(\theta_s)=\boldsymbol{a}_r(\theta_s)$。将以上条件代入式（4.20）和式（4.21），则协方差矩阵 $\boldsymbol{R}_m$ 中的第 $i$ 行第 $j$ 列元素为

$$\begin{aligned}r_{ij}&=E[z_iz_j^*]\\&=\alpha^2\begin{bmatrix}\mathrm{e}^{-\mathrm{j}2\pi(d_i+d_j)\sin(\theta_d)/\lambda}\\ \mathrm{e}^{-\mathrm{j}2\pi(d_i-d_j)\sin(\theta_d)/\lambda}\\ \mathrm{e}^{-\mathrm{j}2\pi(d_i-d_j)\sin(\theta_d)/\lambda}\\ \mathrm{e}^{\mathrm{j}2\pi(d_i+d_j)\sin(\theta_d)/\lambda}\end{bmatrix}^{\mathrm{T}}\begin{bmatrix}1 & \rho\mathrm{e}^{\mathrm{j}k_0\Delta R} & \rho\mathrm{e}^{\mathrm{j}k_0\Delta R} & \rho^2\mathrm{e}^{\mathrm{j}2k_0\Delta R}\\ \rho\mathrm{e}^{-\mathrm{j}k_0\Delta R} & \rho^2 & \rho^2 & \rho^3\mathrm{e}^{\mathrm{j}k_0\Delta R}\\ \rho\mathrm{e}^{-\mathrm{j}k_0\Delta R} & \rho^2 & \rho^2 & \rho^3\mathrm{e}^{\mathrm{j}k_0\Delta R}\\ \rho^2\mathrm{e}^{-\mathrm{j}2k_0\Delta R} & \rho^3\mathrm{e}^{-\mathrm{j}k_0\Delta R} & \rho^3\mathrm{e}^{-\mathrm{j}k_0\Delta R} & \rho^4\end{bmatrix}\begin{bmatrix}\mathrm{e}^{-\mathrm{j}2\pi(d_i+d_j)\sin(\theta_d)/\lambda}\\ \mathrm{e}^{-\mathrm{j}2\pi(d_i-d_j)\sin(\theta_d)/\lambda}\\ \mathrm{e}^{-\mathrm{j}2\pi(d_i-d_j)\sin(\theta_d)/\lambda}\\ \mathrm{e}^{\mathrm{j}2\pi(d_i+d_j)\sin(\theta_d)/\lambda}\end{bmatrix}\\&=\alpha^2[2\rho^2\cos(4\pi h_a\sin\theta_d/\lambda)+4\rho\cos(2\pi h_a\sin\theta_d/\lambda)\mathrm{e}^{-\mathrm{j}4\pi d_i\sin\theta_d/\lambda}\\&\quad+4\rho^3\cos(2\pi h_a\sin\theta_d/\lambda)\mathrm{e}^{\mathrm{j}4\pi d_j\sin\theta_d/\lambda}+4\rho^2\mathrm{e}^{-\mathrm{j}4\pi(d_i-d_j)\sin\theta_d/\lambda}+\mathrm{e}^{-\mathrm{j}4\pi(d_i+d_j)\sin\theta_d/\lambda}\\&\quad+\rho^4\mathrm{e}^{\mathrm{j}4\pi(d_i+d_j)\sin\theta_d/\lambda}]\\&=\begin{cases}r_{ij\_\Delta\mathrm{ULA}}+r_{ij\_\Sigma\mathrm{ULA}}+\Delta r_{ij}, & i\neq j\\ r_{ij\_\Delta\mathrm{ULA}}+r_{ij\_\Sigma\mathrm{ULA}}+\Delta r_{ij}+\sigma_n^2, & i=j\end{cases}\end{aligned} \tag{4.23}$$

其中

$$r_{ij\_\Delta\mathrm{ULA}}=4\alpha^2\rho^2\mathrm{e}^{-\mathrm{j}4\pi(d_i-d_j)\sin\theta_d/\lambda} \tag{4.24}$$

$$r_{ij\_\Sigma\mathrm{ULA}}=\alpha^2\mathrm{e}^{-\mathrm{j}4\pi(d_i+d_j)\sin\theta_d/\lambda}+\alpha^2\rho^4\mathrm{e}^{\mathrm{j}4\pi(d_i+d_j)\sin\theta_d/\lambda} \tag{4.25}$$

$$\begin{aligned}\Delta r_{ij}=\alpha^2[&2\rho^2\cos(4\pi h_a\sin\theta_d/\lambda)+4\rho\cos(2\pi h_a\sin\theta_d/\lambda)\mathrm{e}^{-\mathrm{j}4\pi d_i\sin\theta_d/\lambda}\\&+4\rho^3\cos(2\pi h_a\sin\theta_d/\lambda)\mathrm{e}^{\mathrm{j}4\pi d_j\sin\theta_d/\lambda}]\end{aligned} \tag{4.26}$$

式中：$d_i,d_j(i,j=1,2,\cdots,M)$ 为稀疏阵列物理阵元位置。

可见，$\boldsymbol{R}_m$ 中每个位置的接收信号可看成由 $r_{ij\_\Delta\mathrm{ULA}}$ 项、$r_{ij\_\Sigma\mathrm{ULA}}$ 项和 $\Delta r_{ij}$ 项组合

而来，$r_{ij_\Delta \mathrm{ULA}}$是虚拟差均匀线阵的等效接收信号，$r_{ij_\Sigma \mathrm{ULA}}$项是虚拟和均匀线阵的等效接收信号，$\Delta r_{ij}$是相干信号带来的多余项。收发异址阵列与收发共址阵列情形相似，虽然由于发射接收阵列导向矢量不同结果会变复杂，但同样存在由于相干信号带来的多余项 $\Delta r_{ij}$。

综上所述，在低仰角条件下，受多径效应的影响，单基地米波稀疏阵列 MIMO 雷达协方差矩阵中二阶统计量元素存在相干信号带来的多余项 $\Delta r_{ij}$，故不能作为单基地米波稀疏阵列 MIMO 雷达的等价虚拟线阵接收信号，即单基地米波稀疏阵列 MIMO 雷达利用虚拟线阵进行低仰角估计是不可行的。下面重点介绍基于物理阵列的单基地米波稀疏阵列 MIMO 雷达低仰角估计方法。

### 4.4.2 物理阵列法

米波 MIMO 雷达回波信号矩阵中存在严重的多径反射信号，并且还存在诸如 $\boldsymbol{a}_t(\theta_d)\otimes\boldsymbol{a}_r(\theta_s)$ 的导向矢量耦合问题，这致使导向矢量与噪声子空间失去正交性。利用空间平滑、矩阵重构等解相干算法对仰角估计性能的提升有限，此时文献［79］提出一种基于新导向矢量矩阵的 GMUSIC 算法，该导向矢量矩阵仍旧与噪声子空间正交。

对式（4.10）化简变形可得

$$\begin{aligned}\boldsymbol{Y}=&[\boldsymbol{a}_t(\theta_d)\otimes\boldsymbol{a}_r(\theta_d)\quad \boldsymbol{a}_t(\theta_s)\otimes\boldsymbol{a}_r(\theta_d)\quad \boldsymbol{a}_t(\theta_d)\otimes\boldsymbol{a}_r(\theta_s)\quad \boldsymbol{a}_t(\theta_s)\otimes\boldsymbol{a}_r(\theta_s)]\\&\cdot[1\quad \gamma\quad \gamma\quad \gamma^2]^{\mathrm{T}}\beta(\tau)+\boldsymbol{V}\\=&\overline{\boldsymbol{A}}(\theta)\quad[1\quad \gamma\quad \gamma\quad \gamma^2]^{\mathrm{T}}\beta(\tau)+\boldsymbol{V}\end{aligned}\tag{4.27}$$

式中：$\overline{\boldsymbol{A}}(\theta)$即为文献［79］所提导向矢量矩阵，其在低空多径反射条件下仍旧与噪声子空间正交，其表达式为

$$\overline{\boldsymbol{A}}(\theta)=[\boldsymbol{a}_t(\theta_d)\otimes\boldsymbol{a}_r(\theta_d)\quad \boldsymbol{a}_t(\theta_s)\otimes\boldsymbol{a}_r(\theta_d)\quad \boldsymbol{a}_t(\theta_d)\otimes\boldsymbol{a}_r(\theta_s)\quad \boldsymbol{a}_t(\theta_s)\otimes\boldsymbol{a}_r(\theta_s)]\tag{4.28}$$

回波数据协方差矩阵可依据最大似然估计准则从下式得到，即

$$\hat{\boldsymbol{R}}=\frac{1}{L}\boldsymbol{Y}\boldsymbol{Y}^{\mathrm{H}}\tag{4.29}$$

此时 GMUSIC 算法谱峰搜索函数为

$$f_{\mathrm{GMUSIC}}^{\mathrm{MIMO}}(\theta)=\frac{\det[\overline{\boldsymbol{A}}^{\mathrm{H}}(\theta)\overline{\boldsymbol{A}}(\theta)]}{\det[\overline{\boldsymbol{A}}^{\mathrm{H}}(\theta)\boldsymbol{E}_n^{\mathrm{H}}\boldsymbol{E}_n\overline{\boldsymbol{A}}(\theta)]}\tag{4.30}$$

式中：$\boldsymbol{E}_n$ 为 $\hat{\boldsymbol{R}}$ 特征值分解得到噪声子空间。

式（4.30）为二维搜索，可利用 $\theta_d$ 与 $\theta_s$ 之间关系式（2.16）实现降维搜

索。得到空间谱后，谱峰所在的位置就是直达波入射角的估计值 $\hat{\theta}_d$。

同理，利用文献［79］所提导向矢量矩阵 $\overline{\boldsymbol{A}}(\theta)$ 构造 ML 算法空间投影矩阵为

$$\overline{\boldsymbol{P}}(\theta)=\overline{\boldsymbol{A}}(\theta)(\overline{\boldsymbol{A}}^{\mathrm{H}}(\theta)\overline{\boldsymbol{A}}(\theta))^{-1}\overline{\boldsymbol{A}}^{\mathrm{H}}(\theta) \tag{4.31}$$

则 ML 算法谱峰搜索函数为

$$f_{\mathrm{ML}}^{\mathrm{MIMO}}(\theta)=\frac{1}{\det[\operatorname{trace}(\boldsymbol{I}_{MN}-\overline{\boldsymbol{P}}(\theta))\hat{\boldsymbol{R}}]} \tag{4.32}$$

上述算法为基本算法，同理可借鉴 3.3.2 节所提方法对回波数据协方差矩阵和阵列导向矢量进行实值处理，再利用 UGMUSIC 算法或 UML 算法进行谱峰搜索获得目标低仰角。注意：这里酉矩阵 $\boldsymbol{U}$ 和变换矩阵 $\boldsymbol{\Pi}$ 的维度为 $MN\times MN$。

则经过实值处理的回波数据协方差矩阵和导向矢量表达式为

$$\hat{\boldsymbol{R}}_U=\frac{1}{2}\boldsymbol{U}^{\mathrm{H}}(\hat{\boldsymbol{R}}+\boldsymbol{\Pi}^{\mathrm{H}}\hat{\boldsymbol{R}}^{*}\boldsymbol{\Pi})\boldsymbol{U} \tag{4.33}$$

$$\overline{\boldsymbol{A}}_U(\theta)=\boldsymbol{U}^{\mathrm{H}}\overline{\boldsymbol{A}}(\theta) \tag{4.34}$$

适用于米波 MIMO 雷达的 UGMUSIC 算法和 UML 算法谱峰搜索函数如下：

$$f_{\mathrm{UGMUSIC}}^{\mathrm{MIMO}}(\theta)=\frac{\det(\overline{\boldsymbol{A}}_U^{\mathrm{H}}(\theta)\overline{\boldsymbol{A}}_U(\theta))}{\det(\overline{\boldsymbol{A}}_U^{\mathrm{H}}(\theta)\boldsymbol{U}_n\boldsymbol{U}_n^{\mathrm{H}}\overline{\boldsymbol{A}}_U(\theta))} \tag{4.35}$$

$$f_{\mathrm{UML}}^{\mathrm{MIMO}}(\theta)=\frac{1}{\det[\operatorname{trace}(\boldsymbol{I}_{MN}-\overline{\boldsymbol{P}}_U(\theta))\hat{\boldsymbol{R}}_U]} \tag{4.36}$$

式中：$\boldsymbol{U}_n$ 为实协方差矩阵 $\hat{\boldsymbol{R}}_U$ 特征分解得到的实噪声子空间，实值空间投影矩阵为

$$\overline{\boldsymbol{P}}_U(\theta)=\overline{\boldsymbol{A}}_U(\theta)(\overline{\boldsymbol{A}}_U^{\mathrm{H}}(\theta)\overline{\boldsymbol{A}}_U(\theta))^{-1}\overline{\boldsymbol{A}}_U^{\mathrm{H}}(\theta) \tag{4.37}$$

式（4.35）和式（4.36）为二维搜索，同理可利用式（2.16）进行降维。

总结基于物理阵列的单基地米波稀疏阵列 MIMO 雷达低仰角估计方法步骤如下。

步骤1：通过稀疏阵列导向矢量构造方法计算稀疏阵列导向矢量，得到单基地米波稀疏阵列 MIMO 雷达发射、接收直达波和反射波导向矢量。

步骤2：利用式（2.16）进行降维，并根据式（4.28）计算复合导向矢量，需要降低算法计算量时利用式（4.34）进行实值处理。

步骤3：对回波信号数据矢量化，然后根据式（4.29）计算数据协方差矩阵并进行特征值分解得到噪声子空间 $\boldsymbol{E}_n$；需要降低算法计算量时，利用式（4.33）对协方差矩阵进行实值处理并进行特征分解得到实值噪声子空间 $U_n$。

步骤4：利用式（4.30）或式（4.32）进行 GMUSIC 算法或 ML 算法谱峰搜索，获得目标低仰角估计值 $\hat{\theta}_d$；需要降低算法计算量时，利用式（4.35）或

式（4.36）进行 UGMUSIC 算法或 UML 算法谱峰搜索。

## 4.5 仿真分析

本节区分收发共址和收发异址阵列两种情形进行仿真实验。从第二章和第三章仿真实验中发现 GMUSIC 算法和 ML 算法性能相近，UGMUSIC 和 UML 算法与原型算法性能相近，不失一般性，以下仿真均采用 GMUSIC 算法。

### 4.5.1 收发共址阵列对比

各仿真实验基础条件一致：假设五个收发共址的米波 MIMO 雷达采用垂直放置成一维线性排布的阵列作为收发天线，天线 1 为 ULA，天线 2 为 SCA，天线 3 为 ECA，天线 4 为 UCA，天线 5 为二阶 NA，各阵列收发阵元数均为 10。ULA 的物理阵元位置为$\{0,d,2d,3d,4d,5d,6d,7d,8d,9d\}$，阵元间距 $d=0.5\lambda$；SCA 的物理阵元位置为$\{0,5d,6d,10d,12d,15d,18d,20d,24d,25d\}$；ECA 的物理阵元位置为$\{0,3d,5d,6d,9d,10d,12d,15d,20d,25d\}$；UCA 的物理阵元位置为$\{0,6d,12d,18d,24d,29d,34d,39d,44d,49d\}$；二阶 NA 物理阵元位置为$\{0,d,2d,3d,4d,5d,11d,17d,23d,29d\}$；雷达工作频率$f_0=300\text{MHz}$，收发天线高度 $h_a=4\text{m}$，发射接收信号为水平极化波，地面反射系数 $\rho=-0.98$，添加噪声为高斯白噪声。本书采取蒙特卡罗重复实验对比不同阵列的测角精度，实验次数为 300 次，角度 RMSE 公式参考式（2.49）。

**仿真 1** 空间谱对比实验

此组实验条件为空间目标数量为 1，直达波入射角 $\theta_d=3°$，信噪比 SNR = 0dB，快拍数 $L=20$，目标距离为 200km。角度搜索范围为 0°～10°，搜索间隔为 0.1°。图 4.4 为各阵列空间谱图，峰值处为仰角估计值。

由图 4.4 可以发现：

① 各阵列 MIMO 雷达均能准确估计目标低仰角，但稀疏阵列比 ULA 谱峰更尖锐，测角性能更佳。

② 对比四种典型稀疏阵列 MIMO 雷达，在同等条件下，UCA 谱峰最尖锐，性能最好，二阶 NA 次之，后续依次是 SCA 和 ECA。

测角性能好坏与阵列孔径成正相关，阵列物理孔径越大，测角性能越好。SCA 和 ECA 物理孔径虽然相等，但性能不一样，这与阵列结构有关。观察到 SCA 阵元位置相对 ECA 更加均衡，更适合 GMUSIC 算法，而 ECA 较 SCA 性能优势主要体现在更大的连续虚拟孔径，即对非相干目标的 DOA 估计性能上。

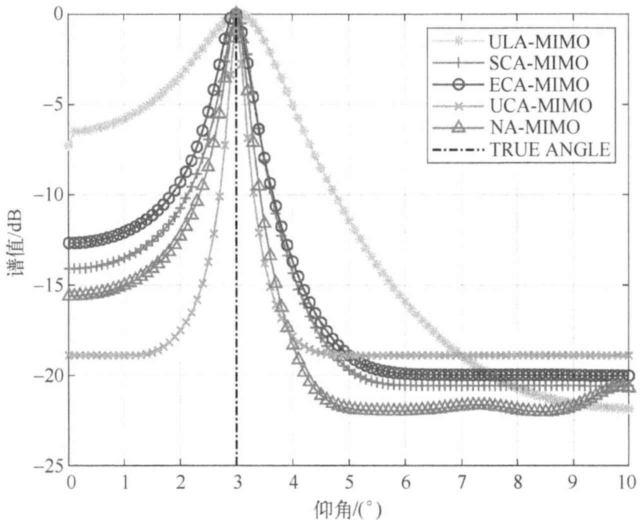


图 4.4　低空单目标仰角空间谱图

**仿真 2**　角度分辨力对比实验

此组实验条件为空间目标数量为 2，目标 1 直达波入射角 $\theta_{d1}=3°$，目标 2 直达波入射角 $\theta_{d2}=4°$，两目标距离均为 200km，SNR 分别取 0、−10dB 和−15dB，快拍数 $L=20$。角度搜索范围为 0°~10°，搜索间隔为 0.1°。图 4.5 为各阵列多目标空间谱图，峰值处即为各目标仰角估计值。

由图 4.5 可以发现：

① 随着信噪比的逐渐降低，各阵列 MIMO 雷达角度分辨力逐渐下降，当 SNR 取 0dB 时，各稀疏阵列 MIMO 雷达均有两个谱峰，均能有效分辨两个目标，而 ULA 空间谱仅有一个谱峰，无法有效分辨两个目标。

② 当 SNR 取−10dB 时，二阶 NA-MIMO 和 UCA-MIMO 雷达仍能清晰分辨两个目标仰角；当 SNR 取−15dB 时，UCA-MIMO 雷达仍能清晰分辨两个目标仰角。

由此可见，各阵列 MIMO 雷达角度分辨力强弱对比如下：UCA-MIMO>二阶 NA-MIMO> SCA-MIMO≈ECA-MIMO>ULA。各阵列 MIMO 雷达分辨力强弱与各阵列 MIMO 雷达有效孔径大小成正比。

**仿真 3**　超低空目标空间谱对比实验

此组实验条件为空间目标数量为 1，目标距离为 200km，直达波入射角 $\theta_d$ 分别取值 0.5°、1°和 1.5°，信噪比 SNR=0dB，快拍数 $L=20$，角度搜索范围为−10°~10°，搜索间隔为 0.1°。图 4.6 为各阵列超低空目标空间谱图，峰值处为仰角估计值。

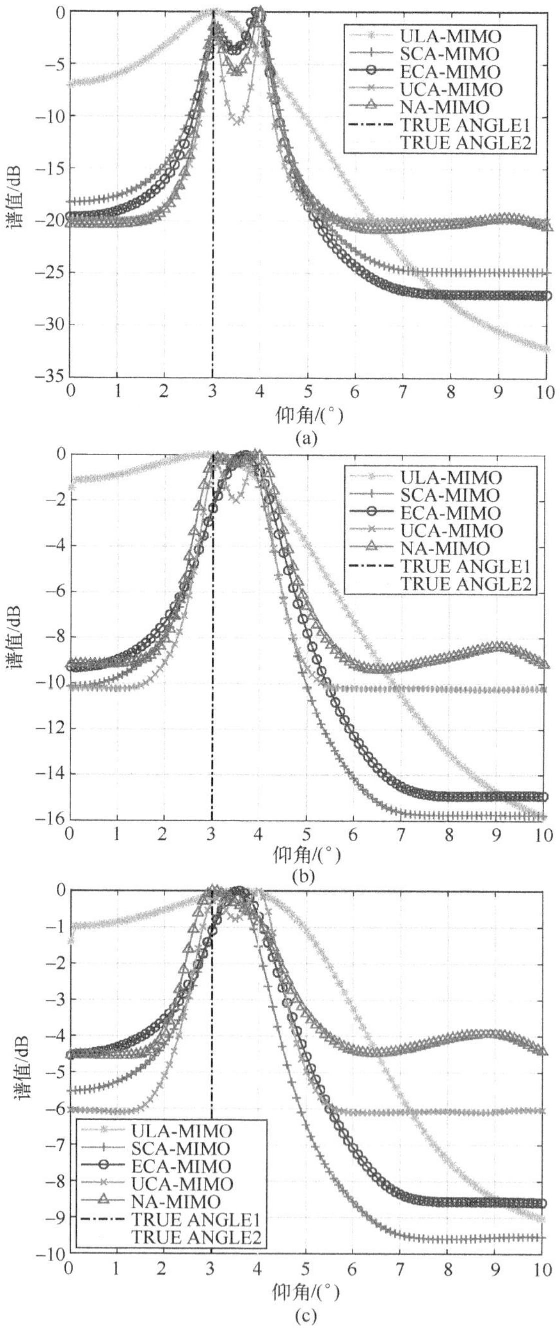


图 4.5　低空多目标仰角空间谱图

(a) SNR=0; (b) SNR=-10dB; (c) SNR=-15dB。

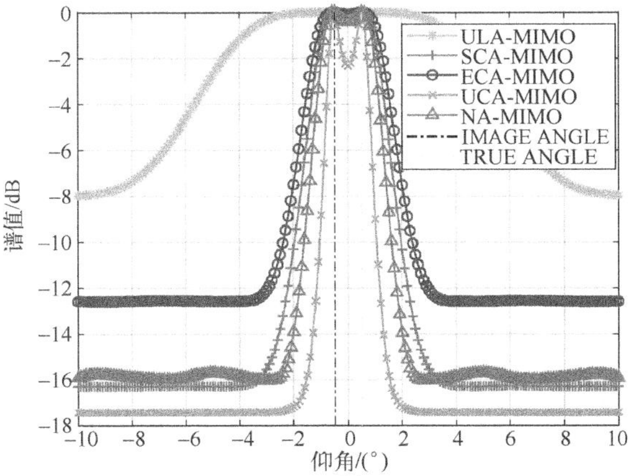


(a)

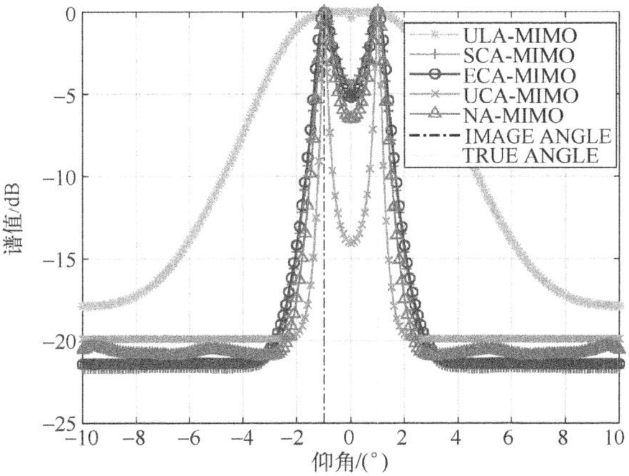


(b)

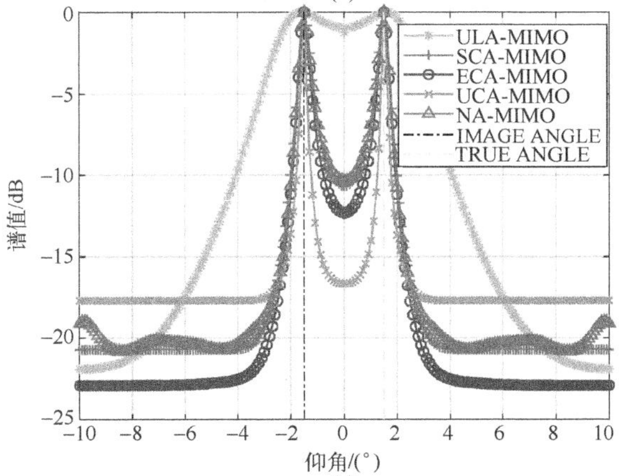


(c)

图 4.6　超低空目标仰角估计空间谱图

(a) 目标入射角 0.5°；(b) 目标入射角 1°；(c) 目标入射角 1.5°。

由图 4.6 可以发现：

① 稀疏阵列 MIMO 雷达均能准确测量超低空目标仰角，ULA-MIMO 雷达在目标仰角为 1.5°时勉强能够测量目标仰角，且稀疏阵列比 ULA 谱峰更尖锐，测角性能更佳。

② 对比 4 种典型稀疏阵列 MIMO 雷达，在同等条件下，UCA 谱峰最尖锐，超低空测角性能最好，二阶 NA 次之，后续依次是 SCA 和 ECA。原因同实验 1，这里不再赘述。

**仿真 4** 超低空目标分辨成功概率对比实验

此组实验条件为空间目标数量为 1，信噪比 SNR = -5dB，快拍数 $L=10$，目标距离为 200km。仰角取值范围为 0.4°~3.2°，变化间隔为 0.4°。角度搜索范围为 0°~10°，搜索间隔为 0.01°。真实目标与镜像目标分辨成功条件同 2.4 节仿真实验 3。图 4.7 为各阵列直达波与反射波分辨成功概率随仰角变化关系图。

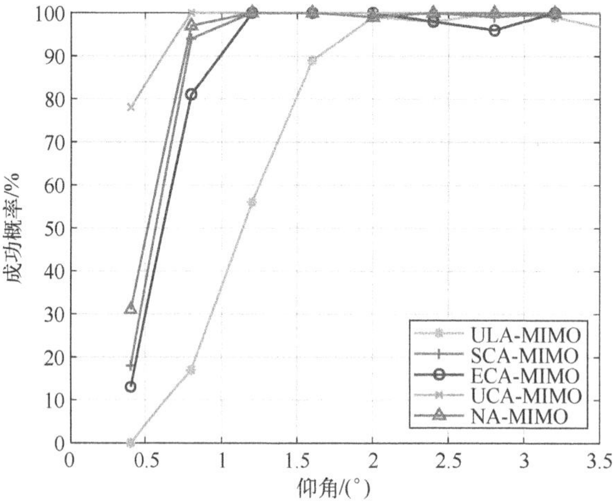


图 4.7 仰角对分辨成功概率的影响

由图 4.7 可以发现：

① 各阵列 MIMO 雷达的直达波与多径反射波分辨成功概率与目标仰角呈正相关的关系，在仰角大于某一范围之后，分辨成功概率可以达到 100%，受多径效应影响个别角度成功概率略有起伏。

② 稀疏阵列 MIMO 雷达超低空目标分辨成功概率比 ULA-MIMO 雷达更高。优异的性能得益于稀疏阵列更大的物理孔径和阵元间距的非均匀性。

③ 对比四种稀疏阵列 MIMO 雷达，各阵列超低空目标分辨成功概率对比如下：UCA-MIMO> NA-MIMO> SCA-MIMO> ECA-MIMO。各阵列 MIMO 雷达成功分辨概率与阵列有效孔径呈正相关。

**仿真 5**　仰角影响测角性能实验

此组实验条件为空间目标数量为 1，目标距离为 200km，信噪比 SNR = 0dB，快拍数 $L = 10$。仰角取值范围为 0.5°～8°，变化间隔为 0.5°。角度搜索范围为 0°～10°，搜索间隔为 0.01°。图 4.8 为各阵列角度 RMSE 随仰角变化关系图。

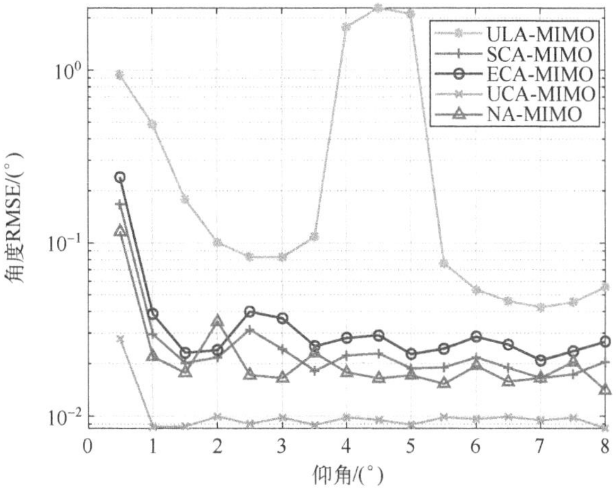


图 4.8　仰角对角度估计精度的影响

由图 4.8 可以发现：

① 角度 RMSE 与仰角大致呈负相关的关系，但存在随仰角变化在区间内呈现出不同程度的起伏现象，主要原因是仰角变化带来直达波与反射波波程差的变化，多径衰减系数相位随之出现周期性变化，进而导致目标回波信号功率出现起伏，从而影响角度估计性能；当仰角变大时，直达波和反射波角度间隔随之变大，衰减系数相位对算法影响逐渐变小，测角性能总体上呈上升趋势，且当仰角大于一定范围后测角精度趋于稳定。

② 在同等仰角条件下，稀疏阵列 MIMO 雷达比 ULA-MIMO 雷达具有更高的测角精度和更低的角度估计误差起伏度。

③ 对比四种典型稀疏阵列 MIMO 雷达，在同等仰角条件下，UCA 测角精度最高且参数估计误差起伏度最小，二阶 NA 次之，后续依次是 SCA 和 ECA。原因同实验 1，这里不再赘述。

**仿真 6**　信噪比影响测角精度实验

此组实验条件为空间目标数量为 1，目标直达波入射角 $\theta_d = 3°$，目标距离为 200km，快拍数 $L = 30$。信噪比 SNR 取值范围为−10～10dB，变化间隔为 1dB。角度搜索范围为 0°～10°，搜索间隔为 0.01°。图 4.9 为各阵列仰角 RMSE 随信噪比变化关系图。

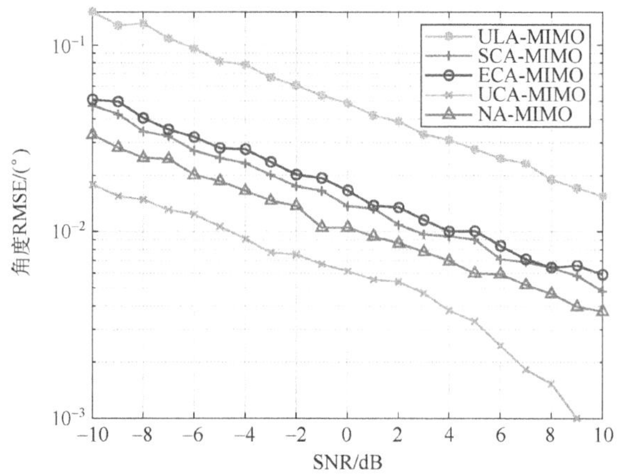


图 4.9 信噪比对仰角测角精度的影响

由图 4.9 可以发现：

① 各阵列 MIMO 雷达的测角精度与信噪比呈正相关的关系，且在信噪比大于某一范围之后，测角精度的提升趋于平缓。

② 在同等信噪比条件下，稀疏阵列 MIMO 雷达测角精度比 ULA 更高。

③ 对比四种典型稀疏阵列 MIMO 雷达，在同等信噪比条件下，UCA 测角精度最高，二阶 NA 次之，后续依次是 SCA 和 ECA。原因同实验 1，这里不再赘述。

**仿真 7** 快拍数影响测角精度实验

此组实验条件为空间目标数量为 1，目标距离为 200km，直达波入射角 $\theta_d=3°$，信噪比 SNR=0dB。快拍数 $L$ 取值范围为 2~30 次，变化间隔为 2 次。角度搜索范围为 0°~10°，搜索间隔为 0.01°。图 4.10 为各阵列仰角 RMSE 随快拍数变化关系图。

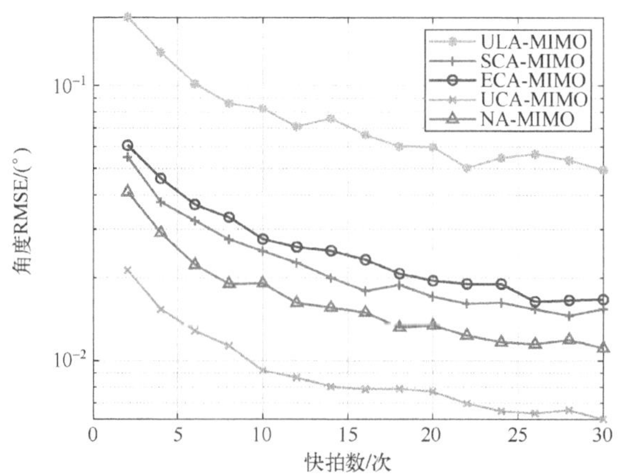


图 4.10 快拍数对仰角测角精度的影响

由图 4.10 可以发现：

① 各阵列的测角精度与快拍数呈正相关的关系，且在快拍数大于某一范围之后，测角精度的提升趋于平缓。

② 在同等快拍数下，稀疏阵列 MIMO 雷达测角精度比 ULA 更高。

③ 对比四种典型稀疏阵列 MIMO 雷达，在同等快拍数条件下，UCA 测角精度最高，二阶 NA 次之，后续依次是 SCA 和 ECA。原因同实验 1，这里不再赘述。

**仿真 8**　幅相误差影响测角精度实验

此组实验条件为空间目标数量为 1，目标距离为 200km，直达波入射角 $\theta_d=3°$，信噪比 SNR = 10dB，快拍数 $L=30$。幅相误差服从均匀分布，幅度误差取值范围为 0%～20%，变化间隔为 2%，相位误差取值范围为 0°～45°，变化间隔为 5°，角度搜索范围为 0°～10°，搜索间隔为 0.01°。图 4.11 为各阵列仰角 RMSE 与幅

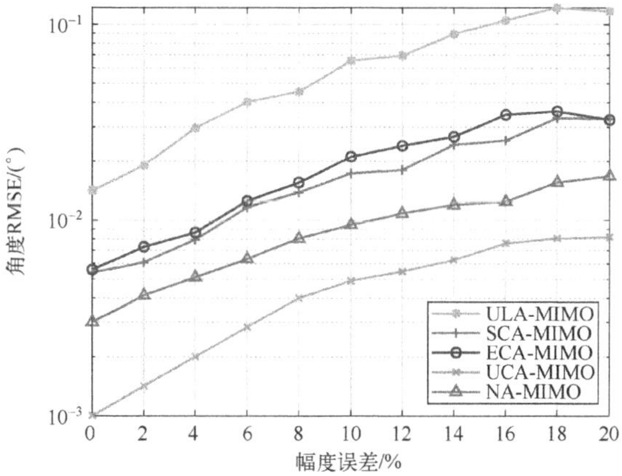

(a)

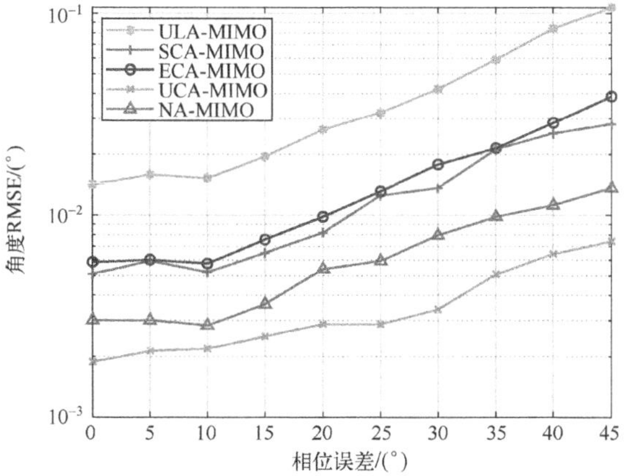

(b)

图 4.11　幅相误差对测角精度的影响

(a) 存在幅度误差时的性能曲线；(b) 存在相位误差时的性能曲线。

相误差关系图。

由图 4.11 可以发现：

① 随着幅相误差的增大，各阵列测角性能均随之下降。

② 在同等幅相误差条件下，稀疏阵列 MIMO 雷达测角精度比 ULA 更高。

③ 对比四种典型稀疏阵列 MIMO 雷达，在同等幅相误差条件下，UCA 测角精度最高，二阶 NA 次之，后续依次是 SCA 和 ECA。原因同实验 1，这里不再赘述。

④ 不难发现，相位误差在 10°以内对各阵列测角性能影响不大。

### 4.5.2 收发异址与共址阵列对比

假设四个单基地米波 MIMO 雷达采用垂直放置成一维线性排布的阵列作为收发天线，雷达 1 和雷达 2 为收发共址天线，雷达 3 和雷达 4 为收发异址天线，雷达 1 为二阶 NA，雷达 2 为 UCA，雷达 3 为 SNA，雷达 4 为 FCA，各阵列收发阵元数均为 6。二阶 NA 物理阵元位置为$\{0,d,2d,3d,7d,11d\}$；UCA 物理阵元位置为$\{0,4d,8d,11d,14d,17d\}$；SNA 收发物理阵元位置分别为$\{0,4d,8d,12d,16d\}$和$\{0,d,2d,3d,4d,5d,6d\}$；FCA 收发物理阵元位置分别为$\{0,2d,4d,7d,10d,13d\}$和$\{0,3d,6d,9d,11d,13d\}$；其余各仿真条件与 4.5.1 节一致。

本节按照上节实验内容进行仿真，各仿真实验结果如图 4.12~图 4.18 所示。图 4.13 为各阵列空间谱图，峰值处为仰角估计值；图 4.14 为各阵列直达波与反射波分辨成功概率随仰角变化关系图；图 4.15 为各阵列角度 RMSE 随仰角变化关系图；图 4.16 为各阵列仰角 RMSE 随信噪比变化关系图；图 4.17 为各阵列仰角 RMSE 随快拍数变化关系图；图 4.18 为各阵列仰角 RMSE 随幅相误差变化关系图。

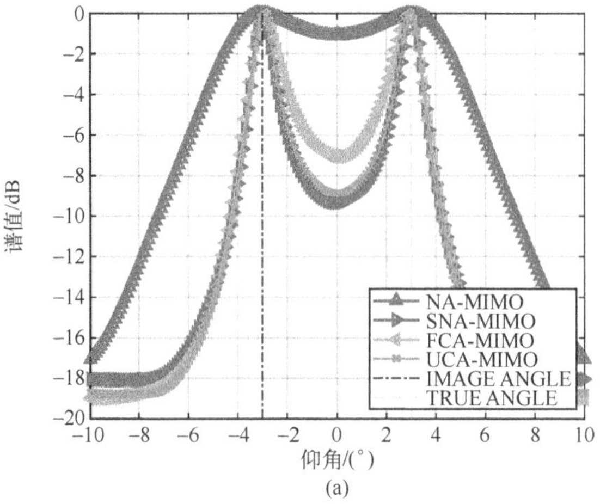


(a)

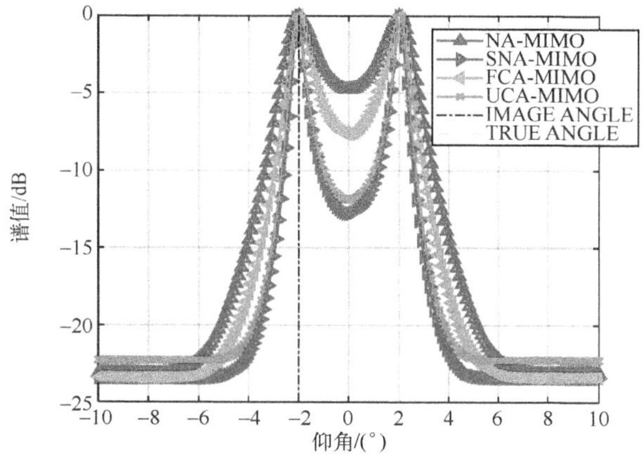


(b)

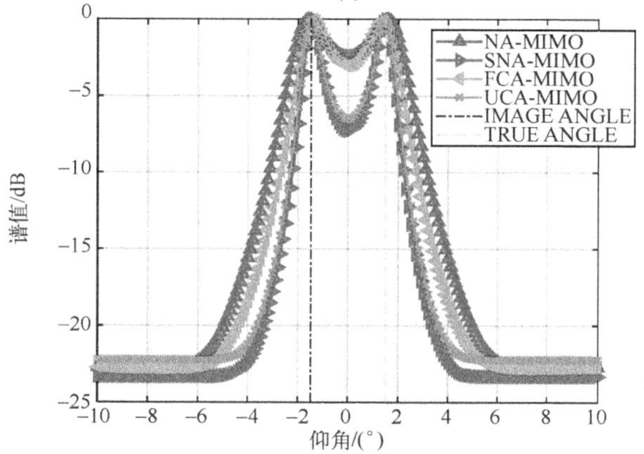


(c)

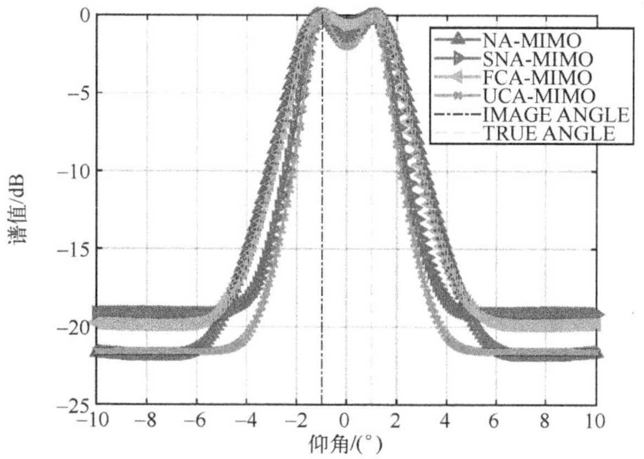


(d)

图 4.12　低空、超低空目标仰角估计空间谱图

(a) 目标入射角 3°；(b) 目标入射角 2°；(c) 目标入射角 1.5°；(d) 目标入射角 1°。

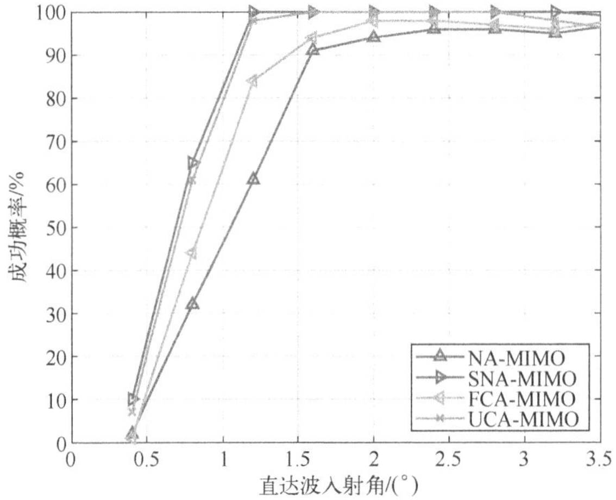


图 4.13　仰角对分辨成功概率的影响

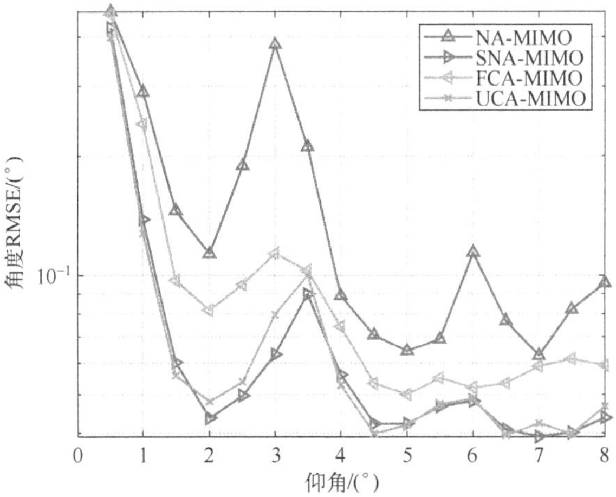


图 4.14　仰角对角度估计精度的影响

由图 4.12~图 4.17 可以发现：

① 各阵列测角误差与仰角大致呈负相关的关系，但随仰角变化在区间内会有一定的起伏，原因同 4.6.1 节实验 2。

② 各阵列测角精度与信噪比、快拍数呈正相关的关系，且在信噪比、快拍数大于某一范围之后，测角精度的提升趋于平缓。

③ 各阵列测角精度与幅相误差呈负相关的关系，且在幅相误差大于某一范围之后，测角精度的降低趋于平缓。

④ 在同等条件下，四种稀疏阵列 MIMO 雷达均能准确估计低空、超低空目

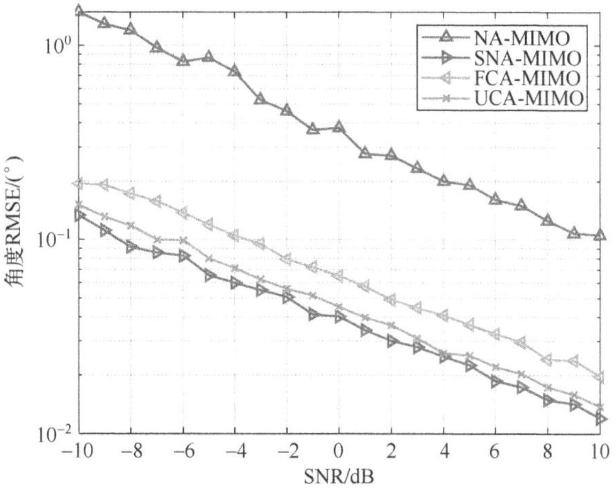


图 4.15　信噪比对仰角测角精度的影响

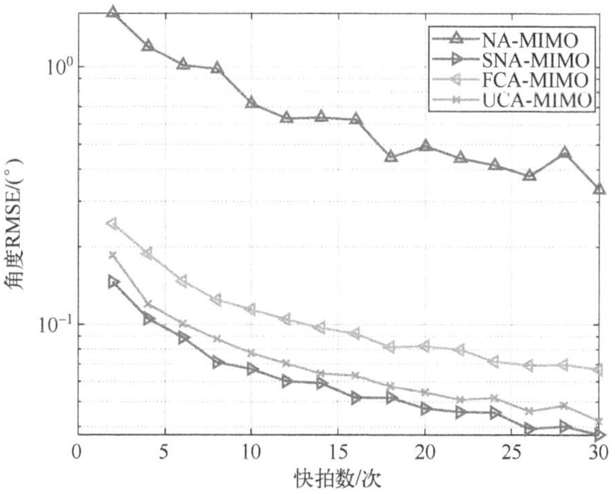


图 4.16　快拍数对仰角测角精度的影响

标仰角，且谱峰尖锐程度及角度分辨力强弱顺序为 SNA>UCA>FCA>NA。

⑤ 在同等条件下，四种稀疏阵列 MIMO 雷达低仰角测角精度高低顺序为 SNA>UCA>FCA>NA。

⑥ 在同等条件下，四种稀疏阵列 MIMO 雷达参数估计误差起伏度大小顺序为 SNA<UCA<FCA<NA。

综上所述，在同等条件下，四种稀疏阵列 MIMO 雷达低仰角估计性能优劣顺序如下：SNA>UCA>FCA>NA。根据 MIMO 雷达孔径扩展原理，二阶 NA、SNA、FCA 和 UCA 虚拟孔径可分别扩展至 $22d$、$22d$、$26d$ 和 $34d$，孔径越大参数估计

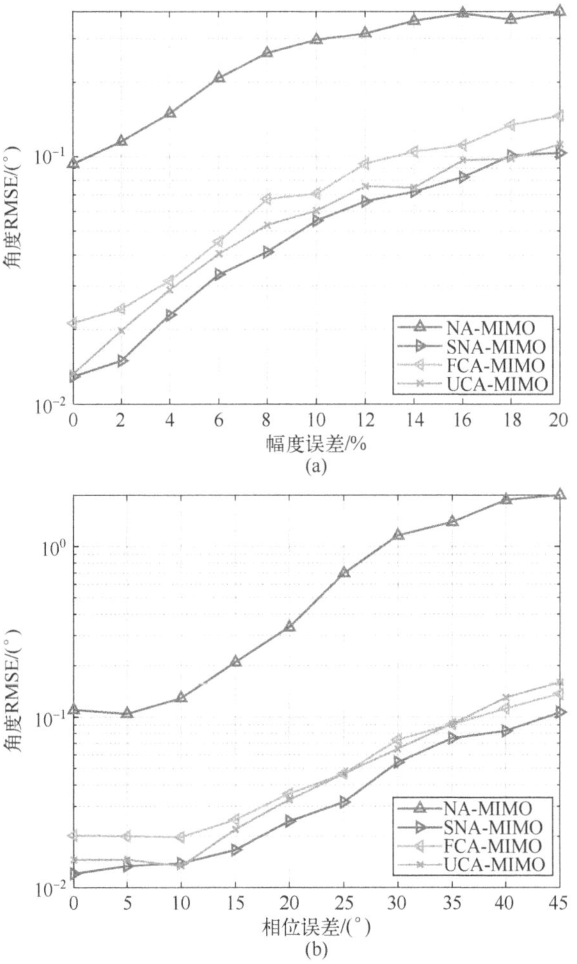


图 4.17　幅相误差对测角精度的影响

（a）存在幅度误差时的性能曲线；（b）存在相位误差时的性能曲线。

性能越好，因此 UCA 性能优于 FCA 和二阶 NA，二阶 NA 性能最差。不难发现，SNA 虚拟孔径虽然小，但是连续的，其他阵列虚拟孔径都存在孔洞，这也是 SNA 性能最优的直接原因。从理论分析和实验结论两个方面都充分验证了阵列优化设计对米波 MIMO 雷达低仰角估计性能的重要性，但同时要注意到收发共址阵列是时间分集，收发异址阵列是空间分集，各有优缺点，要根据实际情况具体分析和应用。

## 4.6 小　　结

为了提高单基地米波 MIMO 雷达低空、超低空目标仰角估计精度和角度分辨力，并降低测角误差的起伏度，本章用稀疏阵列代替 ULA 作为收发天线，在系统分析米波稀疏阵列 MIMO 雷达虚拟阵列法不可行的基础上提出了适用于该模型物理阵列的低仰角估计方法。其主要利用稀疏阵列的稀疏结构叠加 MIMO 体制雷达性能，在物理阵元数目一定的前提下实现有效孔径的扩展，使其相比于 ULA，在提高角度分辨力和测角精度的同时降低了角度估计误差的起伏度。仿真结果表明单基地米波稀疏阵列 MIMO 雷达在低仰角条件下具有更高的角度分辨力、测角精度和更低的测角误差起伏度，尤其是针对超低空目标，其优势更加明显，且在低快拍、低信噪比时效果更佳。对比四种典型收发共址米波稀疏阵列 MIMO 雷达，在同等条件下，UCA 测角精度最高，角度估计误差起伏度最小，二阶 NA 次之，后续依次是 SCA 和 ECA。将两种典型单基地收发异址米波稀疏阵列 MIMO 雷达与相应收发共址阵列进行对比，在同等条件下，SNA 参数估计性能最高，UCA 次之，后续依次是 FCA 和 NA。主要原因是参数估计性能与阵列虚拟孔径大小成正相关，若孔径相同，结构相对均衡的阵列参数估计性能优于结构不均衡的阵列，孔径连续的阵列参数估计性能优于孔径不连续的阵列。可见阵列优化设计对米波 MIMO 雷达低仰角估计性能非常重要，是降低多径效应影响提高参数估计性能的有效途径。

# 第5章　基于稀疏阵列的米波 FDA-MIMO 雷达低仰角-距离联合估计方法分析

## 5.1 引　　言

FDA-MIMO 雷达可实现角度与距离的联合估计，具有分辨同一方位不同距离单元目标的能力。传统的 FDA-MIMO 雷达目标定位问题中，天线阵列多配置为 ULA，然而基于 ULA 的米波 FDA-MIMO 雷达仰角-距离联合估计算法同样存在超低空目标仰角-距离估计精度急剧下降、分辨力较低和随着仰角变化参数估计误差起伏度较大的问题。将稀疏阵列与米波 FDA-MIMO 雷达相结合，有利于提高低空、超低空目标的仰角-距离联合估计精度和分辨力性能，同时降低参数估计误差的起伏度。基于此，本章推导建立了米波稀疏阵列 FDA-MIMO 雷达镜面多径反射信号模型，并结合 GMUSIC 算法和 ML 算法提出了适用于该信号模型的低仰角-距离联合估计方法。具体内容安排如下：5.2 节推导构建米波稀疏阵列 FDA-MIMO 雷达镜面多径反射信号模型；5.3 节介绍基于稀疏阵列的米波 FDA-MIMO 雷达仰角-距离联合估计方法；5.4 节通过仿真实验验证了基于稀疏阵列的单基地米波 FDA-MIMO 雷达低仰角-距离联合估计性能的优越性和所提方法的有效性；5.5 节对本章研究内容进行小结。

## 5.2 米波稀疏阵列 FDA-MIMO 雷达镜面多径反射信号模型

考虑一个发射阵元数为 $M$ 的单基地米波稀疏阵列 FDA-MIMO 雷达系统。发射载频为 $f_0$，第 $m$ 个阵元的发射频率为

$$f_m = f_0 + (d_m/d)\Delta f, \quad m = 1,2,\cdots,M \tag{5.1}$$

式中：$d_m$ 为第 $m$ 个阵元位置，$\Delta f$ 为单位频偏。

在远场窄带条件下，第 $m$ 个阵元的发射信号为

$$s_m(t) = \varphi_m(t)\,\mathrm{e}^{\mathrm{j}2\pi f_m t}, \quad m = 1,2,\cdots,M \tag{5.2}$$

式中：$\varphi_m(t)$为第 $m$ 个阵元发射信号的基带包络，其满足的正交条件为

$$\int \varphi_{m1}^{*}(t)\varphi_{m2}(t-\tau)\,\mathrm{d}t = 0,\quad m1 \neq m2, \forall \tau \tag{5.3}$$

考虑接收阵列的阵元位置为 $d_n$，接收阵元数量为 $N$，则在观测低仰角区域内坐标为$(r,\theta_d)$的目标时存在四条传播路径，分别为直达-直达路径、直达-反射路径、反射-直达路径和反射-反射路径，如图 5.1 所示。

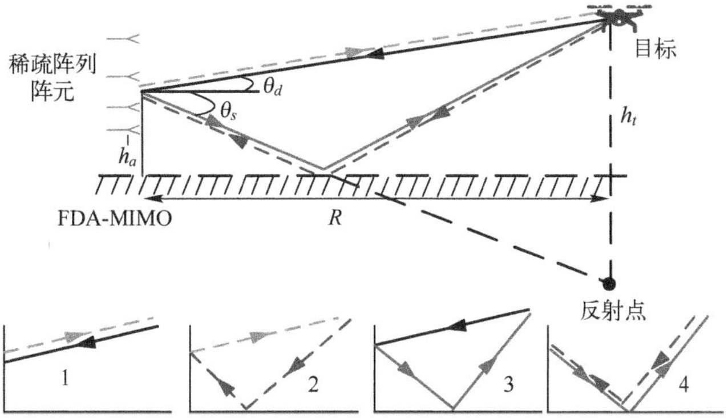


图 5.1　米波稀疏阵列 FDA-MIMO 雷达镜面多径反射信号模型示意图

将稀疏阵列底端阵元作为参考阵元，则由第 $m$ 个阵元发射第 $n$ 个阵元接收的四条路径传播延迟分别为

$$\tau_{m,n,1} = [2r-d_m\sin\theta_d-d_n\sin\theta_d]/c \tag{5.4}$$

$$\tau_{m,n,2} = [2r-d_m\sin\theta_d-d_n\sin\theta_s-2h_a h_t/R]/c \tag{5.5}$$

$$\tau_{m,n,3} = [2r-d_m\sin\theta_s-d_n\sin\theta_d-2h_a h_t/R]/c \tag{5.6}$$

$$\tau_{m,n,4} = [2r-d_m\sin\theta_s-d_n\sin\theta_s-4h_a h_t/R]/c \tag{5.7}$$

式中：$r$ 为目标斜距（即直达波路径长度 $R_d$）；$R$ 为目标垂直投影到雷达天线的直线距离；$c$ 为光速。

于是在考虑接收阵列的多收机制与四条传播路径后，第 $n$ 个阵元接收的信号为

$$y_n(t) = \beta \sum_{m=1}^{M} \begin{bmatrix} s_m(t-\tau_{m,n,1}) + \rho s_m(t-\tau_{m,n,2}) \\ + \rho s_m(t-\tau_{m,n,3}) + \rho^2 s_m(t-\tau_{m,n,4}) \end{bmatrix} \tag{5.8}$$

式中：$\beta$ 为经过目标反射的幅度系数。

将式（5.8）所示回波信号进行匹配滤波可得第 $m$ 个发射阵元和第 $n$ 个接收阵元相关的输出信号为

$$y_{m,n} = \int y_n(t) s_m(t)^{*}\,\mathrm{d}t$$

$$
\begin{aligned}
&= \int \beta \sum_{m=1}^{M} \begin{bmatrix} s_m(t-\tau_{m,n,1}) + \rho s_m(t-\tau_{m,n,2}) \\ + \rho s_m(t-\tau_{m,n,3}) + \rho^2 s_m(t-\tau_{m,n,4}) \end{bmatrix} \varphi_m^*(t) \mathrm{e}^{-\mathrm{j}2\pi f_m t} \mathrm{d}t \\
&= \beta \begin{bmatrix} \mathrm{e}^{-\mathrm{j}2\pi f_m \tau_{m,n,1}} + \rho \mathrm{e}^{-\mathrm{j}2\pi f_m \tau_{m,n,2}} \\ + \rho \mathrm{e}^{-\mathrm{j}2\pi f_m \tau_{m,n,3}} + \rho^2 \mathrm{e}^{-\mathrm{j}2\pi f_m \tau_{m,n,4}} \end{bmatrix}
\end{aligned}
\tag{5.9}
$$

为简化式（5.9）的表达，整个米波稀疏阵列 FDA-MIMO 雷达系统经过匹配滤波得到的信号可以表示为向量的形式：

$$
\begin{aligned}
\boldsymbol{y} &= [y_{1,1}, \cdots, y_{M,1}, \cdots, y_{N,1}, \cdots, y_{M,N}]^{\mathrm{T}} + \boldsymbol{n} \\
&= \beta \mathrm{e}^{-\mathrm{j}2\pi f_0 2r/c} \begin{Bmatrix} [\boldsymbol{a}_t(r,\theta_d) \otimes \boldsymbol{a}_r(\theta_d)] + \gamma [\boldsymbol{a}_t(r,\theta_d) \otimes \boldsymbol{a}_r(\theta_s)] \\ + \gamma [\boldsymbol{a}_t(r,\theta_s) \otimes \boldsymbol{a}_r(\theta_d)] + \gamma^2 [\boldsymbol{a}_t(r,\theta_s) \otimes \boldsymbol{a}_r(\theta_s)] \end{Bmatrix} + \boldsymbol{n}
\end{aligned}
\tag{5.10}
$$

式中：$\boldsymbol{n}$ 为高斯加性白噪声；

$$
\gamma = \rho \mathrm{e}^{-\mathrm{j}4\pi h_a \sin\theta_d / \lambda}
\tag{5.11}
$$

$$
\boldsymbol{a}_t(r,\theta) = \begin{bmatrix} 1, \cdots, \mathrm{e}^{-\mathrm{j}2\pi (d_m/d)(\Delta f 2r/c + f_0 d \sin\theta / c)} \\ \cdots, \mathrm{e}^{-\mathrm{j}2\pi (d_M/d)(\Delta f 2r/c + f_0 d \sin\theta / c)} \end{bmatrix}^{\mathrm{T}}
\tag{5.12}
$$

$$
\boldsymbol{a}_r(\theta) = [1, \cdots, \mathrm{e}^{-\mathrm{j}2\pi f_0 d_n \sin\theta / c}, \cdots, \mathrm{e}^{-\mathrm{j}2\pi f_0 d_N \sin\theta / c}]^{\mathrm{T}}
\tag{5.13}
$$

为论述方便，上述信号模型假设仅有一个目标，且只存在一条反射路径。多个非相干目标的信号模型与其相似，整个阵列回波信号矩阵推导过程不再赘述，这里同样直接给出结论。

假设米波 FDA-MIMO 雷达俯仰角波束宽度内有 $K$ 个非相干目标，其距离相等，即雷达无法从时域上将其分辨。各目标直达波和反射波入射角分别为 $\theta_{dk}$ 和 $\theta_{sk}$，其中，$k=1,2,\cdots,K$。

则矢量化后的回波信号矩阵表达式为

$$
\begin{aligned}
\boldsymbol{y} &= \boldsymbol{A}_t(r,\theta_d,\theta_s) \odot \boldsymbol{A}_r(\theta_d,\theta_s) \boldsymbol{\Psi} + \boldsymbol{n} \\
&= \boldsymbol{A}(r,\theta_d,\theta_s) \boldsymbol{\Psi} + \boldsymbol{n}
\end{aligned}
\tag{5.14}
$$

式中：$\odot$ 代表 Khatri-Rao 积，$\boldsymbol{\Psi} = [\beta_1, \beta_2, \cdots \beta_K]$，为目标复反射系数矩阵，其与各个目标多普勒频移相关。

式（5.14）中复合导向矢量 $\boldsymbol{A}(r,\theta_d,\theta_s)$ 表达式为

$$
\begin{aligned}
\boldsymbol{A}(r,\theta_d,\theta_s) &= \boldsymbol{A}_t(r,\theta_d,\theta_s) \odot \boldsymbol{A}_r(\theta_d,\theta_s) \\
&= [\boldsymbol{A}_t(r_1,\theta_{d1},\theta_{s1}) \otimes \boldsymbol{A}_r(\theta_{d1},\theta_{s1}), \boldsymbol{A}_t(r_2,\theta_{d2},\theta_{s2}) \otimes \boldsymbol{A}_r(\theta_{d2},\theta_{s2}), \\
&\quad \cdots, \boldsymbol{A}_t(r_n,\theta_{dk},\theta_{sk}) \otimes \boldsymbol{A}_r(\theta_{dk},\theta_{sk}), \cdots, \boldsymbol{A}_t(r_N,\theta_{dK},\theta_{sK}) \otimes \boldsymbol{A}_r(\theta_{dK},\theta_{sK})]
\end{aligned}
\tag{5.15}
$$

式中

$$
\boldsymbol{A}_t(r_k,\theta_{dk},\theta_{sk}) = \boldsymbol{a}_t(r_k,\theta_{dk}) + \gamma \boldsymbol{a}_t(r_k,\theta_{sk})
\tag{5.16}
$$

$$
\boldsymbol{A}_r(\theta_{dk},\theta_{sk}) = \boldsymbol{a}_r(\theta_{dk}) + \gamma \boldsymbol{a}_r(\theta_{sk})
\tag{5.17}
$$

## 5.3 基于稀疏阵列的米波 FDA-MIMO 雷达低仰角-距离联合估计方法

同米波 MIMO 雷达相似，在米波 FDA-MIMO 雷达中，回波信号中同样存在严重的多径反射信号，会使得导向矢量与噪声子空间失去正交性，且同样存在诸如 $\boldsymbol{a}_t(r,\theta_d)\otimes\boldsymbol{a}_r(\theta_s)$ 的导向矢量耦合问题，这使得导向矢量与噪声子空间的正交性无法恢复。因此，本章采用无需解相干的 ML 算法和 GMUSIC 算法实现低空目标的仰角-距离二维联合估计。

最大似然估计作为一种常用且有效的参数估计方法，其估计准则为

$$(\hat{r},\hat{\theta}) = -\arg\max_{r,\theta} tr[\boldsymbol{P}_{A(r,\theta)}\hat{\boldsymbol{R}}] \tag{5.18}$$

式中：$\hat{r}$和$\hat{\theta}$分别为距离与角度的最大似然估计；$\boldsymbol{A}(r,\theta)$为导向矢量矩阵；$\hat{\boldsymbol{R}}$为对输出协方差矩阵的估计，$\boldsymbol{P}_{A(r,\theta)}$为投影至导向矢量矩阵$\boldsymbol{A}(r,\theta)$的列向量张成的空间投影矩阵，其可以表示为

$$\boldsymbol{P}_{A(r,\theta)} = \boldsymbol{A}(r,\theta)[\boldsymbol{A}^{\mathrm{H}}(r,\theta)\boldsymbol{A}(r,\theta)]^{-1}\boldsymbol{A}^{\mathrm{H}}(r,\theta) \tag{5.19}$$

将式（5.10）中的接收信号进行整理可以改写为

$$\begin{aligned}\boldsymbol{y} &= \beta \mathrm{e}^{-\mathrm{j}2\pi f_0 2r/c}\{[\boldsymbol{a}_t(r,\theta_d)+\gamma\boldsymbol{a}_t(r,\theta_s)]\otimes[\boldsymbol{a}_r(\theta_d)+\gamma\boldsymbol{a}_r(\theta_s)]\}+\boldsymbol{n}\\ &= \{[\boldsymbol{a}_t(r,\theta_d)\ \ \boldsymbol{a}_t(r,\theta_s)]\otimes[\boldsymbol{a}_r(\theta_d)\ \ \boldsymbol{a}_r(\theta_s)]\}\\ &\quad [1\ \ \gamma\ \ \gamma\ \ \gamma^2]^{\mathrm{T}}\beta \mathrm{e}^{-\mathrm{j}2\pi f_0 2r/c}+\boldsymbol{n}\end{aligned} \tag{5.20}$$

于是接收信号可以表示为

$$\boldsymbol{y} = \boldsymbol{A}(r,\theta_d,\theta_s)\bar{\beta}+\boldsymbol{n}\in\mathbb{C}^{MN\times 1} \tag{5.21}$$

式中

$$\boldsymbol{A}(r,\theta_d,\theta_s) = [\boldsymbol{a}_t(r,\theta_d)\ \ \boldsymbol{a}_t(r,\theta_s)]\otimes[\boldsymbol{a}_r(\theta_d)\ \ \boldsymbol{a}_r(\theta_s)] \tag{5.22}$$

$$\bar{\beta} = [1\ \ \gamma\ \ \gamma\ \ \gamma^2]^{\mathrm{T}}\beta \mathrm{e}^{-\mathrm{j}2\pi f_0 2r/c} \tag{5.23}$$

通过上述推导可以看出，最大似然准则中的 $\boldsymbol{A}(r,\theta)=\boldsymbol{A}(r,\theta_d,\theta_s)$。由于上述过程涉及三维搜索，可通过直达波与反射波入射角的关系式（2.16）实现降维搜索。

回波数据协方差矩阵可依据最大似然估计准则从下式获得：

$$\hat{\boldsymbol{R}} = \frac{1}{L}\boldsymbol{y}\boldsymbol{y}^{\mathrm{H}} \tag{5.24}$$

则此时 ML 算法的谱峰搜索函数为

$$f_{\mathrm{ML}}^{\mathrm{FDA-MIMO}}(r,\theta) = \frac{1}{\det[\mathrm{trace}(\boldsymbol{I}_{MN}-\boldsymbol{P}_{A(r,\theta)})\hat{\boldsymbol{R}}]} \tag{5.25}$$

根据文献［79］，$\boldsymbol{A}(r,\theta)$仍然与噪声子空间正交。对式（5.24）特征值分解可得噪声子空间 $\boldsymbol{E}_n$，此时 GMUSIC 算法的谱峰搜索函数为

$$f_{\mathrm{GMUSIC}}^{\mathrm{FDA-MIMO}}(r,\theta)=\frac{\det[\boldsymbol{A}^{\mathrm{H}}(r,\theta)\boldsymbol{A}(r,\theta)]}{\det[\boldsymbol{A}^{\mathrm{H}}(r,\theta)\boldsymbol{E}_n^{\mathrm{H}}\boldsymbol{E}_n\boldsymbol{A}(r,\theta)]} \tag{5.26}$$

通过 ML 算法和 GMUSIC 算法得到空间谱图后，找出波峰所在的位置对应的角度和距离，便得到低空目标仰角-距离联合估计值。

上述算法为基本算法，同理也可对回波数据协方差矩阵和阵列导向矢量进行实值处理，再利用 UGMUSIC 和 UML 算法进行谱峰搜索获得目标仰角-距离联合估计值。注意：这里酉矩阵 $\boldsymbol{U}$ 和变换矩阵 $\boldsymbol{\Pi}$ 的维度同样为 $MN\times MN$。

则经过实值处理的回波数据协方差矩阵和导向矢量表达式如下：

$$\hat{\boldsymbol{R}}_U=\frac{1}{2}\boldsymbol{U}^{\mathrm{H}}(\hat{\boldsymbol{R}}+\boldsymbol{\Pi}^{\mathrm{H}}\hat{\boldsymbol{R}}^*\boldsymbol{\Pi})\boldsymbol{U} \tag{5.27}$$

$$\boldsymbol{A}_U(r,\theta)=\boldsymbol{U}^{\mathrm{H}}\boldsymbol{A}(r,\theta) \tag{5.28}$$

适用于米波 FDA-MIMO 雷达的 UGMUSIC 算法和 UML 算法谱峰搜索公式如下：

$$f_{\mathrm{UGMUSIC}}^{\mathrm{FDA-MIMO}}(r,\theta)=\frac{\det(\boldsymbol{A}_U^{\mathrm{H}}(r,\theta)\boldsymbol{A}_U(r,\theta))}{\det(\boldsymbol{A}_U^{\mathrm{H}}(r,\theta)\boldsymbol{U}_n\boldsymbol{U}_n^{\mathrm{H}}\boldsymbol{A}_U(r,\theta))} \tag{5.29}$$

$$f_{\mathrm{UML}}^{\mathrm{FDA-MIMO}}(r,\theta)=\frac{1}{\det[\mathrm{trace}(\boldsymbol{I}_{MN}-\boldsymbol{P}_U(r,\theta))\hat{\boldsymbol{R}}_U]} \tag{5.30}$$

式中：$\boldsymbol{U}_n$ 为实协方差矩阵$\hat{\boldsymbol{R}}_U$ 特征分解得到的实噪声子空间。实值空间投影矩阵如下式：

$$\boldsymbol{P}_U(r,\theta)=\boldsymbol{A}_U(r,\theta)(\boldsymbol{A}_U^{H}(r,\theta)\boldsymbol{A}_U(r,\theta))^{-1}\boldsymbol{A}_U^{\mathrm{H}}(r,\theta) \tag{5.31}$$

式（5.29）和式（5.30）为三维搜索，同理可利用式（2.16）降成二维搜索。

总结基于稀疏阵列的单基地米波 FDA-MIMO 雷达低空目标仰角-距离联合估计方法步骤如下。

步骤 1：根据稀疏阵列结构确定物理阵元位置，然后利用式（5.12）和式（5.13）计算米波稀疏阵列 FDA-MIMO 雷达发射、接收直达波和反射波导向矢量。

步骤 2：利用式（5.22）计算复合导向矢量，并根据式（2.16）进行降维，需降低算法计算量时利用式（5.28）进行实值处理。

步骤 3：对回波信号数据矢量化并根据式（5.24）计算数据协方差矩阵并进行特征值分解得到噪声子空间 $\boldsymbol{E}_n$；需要降低算法计算量时，利用式（5.27）对

协方差矩阵进行实值处理并进行特征分解得到实值噪声子空间 $\boldsymbol{U}_n$。

步骤4：分别利用式（5.25）或式（5.26）进行ML算法或GMUSIC算法谱峰搜索，获得目标低仰角-距离二维估计值；需降低算法计算量时，分别利用式（5.29）和式（5.30）进行UGMUSIC算法或UML算法谱峰搜索。

## 5.4 仿真分析

从第3章仿真实验中发现实值处理算法与基本算法性能相近；从第4章仿真实验中发现，各稀疏阵列米波MIMO雷达低仰角估计性能强弱如下：UCA>二阶NA>SCA>ECA。这里不失一般性，阵列结构选取SCA、二阶NA与ULA进行对比，算法选取GMUSIC算法和ML算法。

各仿真实验基础条件一致：假设三个收发共址的单基地米波FDA-MIMO雷达采用垂直放置成一维线性排布的阵列作为收发天线，天线1为ULA，天线2为SCA，天线3为二阶NA，各阵列收发阵元数均为8。ULA物理阵元位置为$\{0,d,2d,3d,4d,5d,6d,7d\}$，其阵元间距 $d=0.5\lambda$；SCA物理阵元位置为$\{0,4d,5d,8d,10d,12d,15d,16d\}$；二阶NA物理阵元位置为$\{0,d,2d,3d,4d,9d,14d,19d\}$；雷达工作频率$f_0=300\text{MHz}$，频偏增量$\Delta f=3\text{kHz}$，收发天线底端高度$h_a=4\text{m}$，发射接收信号为水平极化波，地面反射系数$\rho=-0.98$，添加噪声为高斯白噪声。本书采取蒙特卡罗重复实验对比不同阵列不同算法的角度及距离估计精度，实验次数为300次，角度和距离RMSE公式为

$$\text{ANGLE RMSE}=\sqrt{\frac{1}{I}\sum_{i=1}^{I}(\hat{\theta}_i-\theta)^2} \tag{5.32}$$

式中：$\hat{\theta}_i$ 为第 $i$ 次测得的目标仰角。

$$\text{RANGE RMSE}=\sqrt{\frac{1}{I}\sum_{i=1}^{I}(\hat{r}_i-r)^2} \tag{5.33}$$

式中：$\hat{r}_i$ 为第 $i$ 次测得的目标距离。

**仿真1** 单目标空间谱对比实验

此组实验条件为空间目标数量为1，直达波入射角 $\theta_d=3°$，目标距离为30km，信噪比SNR=10dB，快拍数 $L=30$。角度搜索范围为0°~10°，搜索间隔为0.1°；距离搜索范围为28~32km，搜索间隔为100m。图5.2（a）~（f）为仰角-距离二维空间谱图，峰值处为仰角和距离的联合估计值；图5.2（g）为距离维空间谱图，峰值处为距离估计值；图5.2（h）为角度维空间谱图，峰值处为仰角估计值。

由图 5.2 可以发现：

① 各阵列 FDA-MIMO 雷达采用 ML 和 GMUSIC 算法均能准确测量目标仰角及距离，但稀疏阵列 FDA-MIMO 雷达仰角和距离维谱峰比 ULA 更尖锐，参数估计性能更佳。

② 对比两种典型稀疏阵列 FDA-MIMO 雷达，在同一算法条件下，二阶 NA 二维空间谱谱峰稍显尖锐，性能稍好。

③ 对比两种算法，在同一阵列条件下，GMUSIC 算法二维空间谱谱峰更尖锐，性能更好。

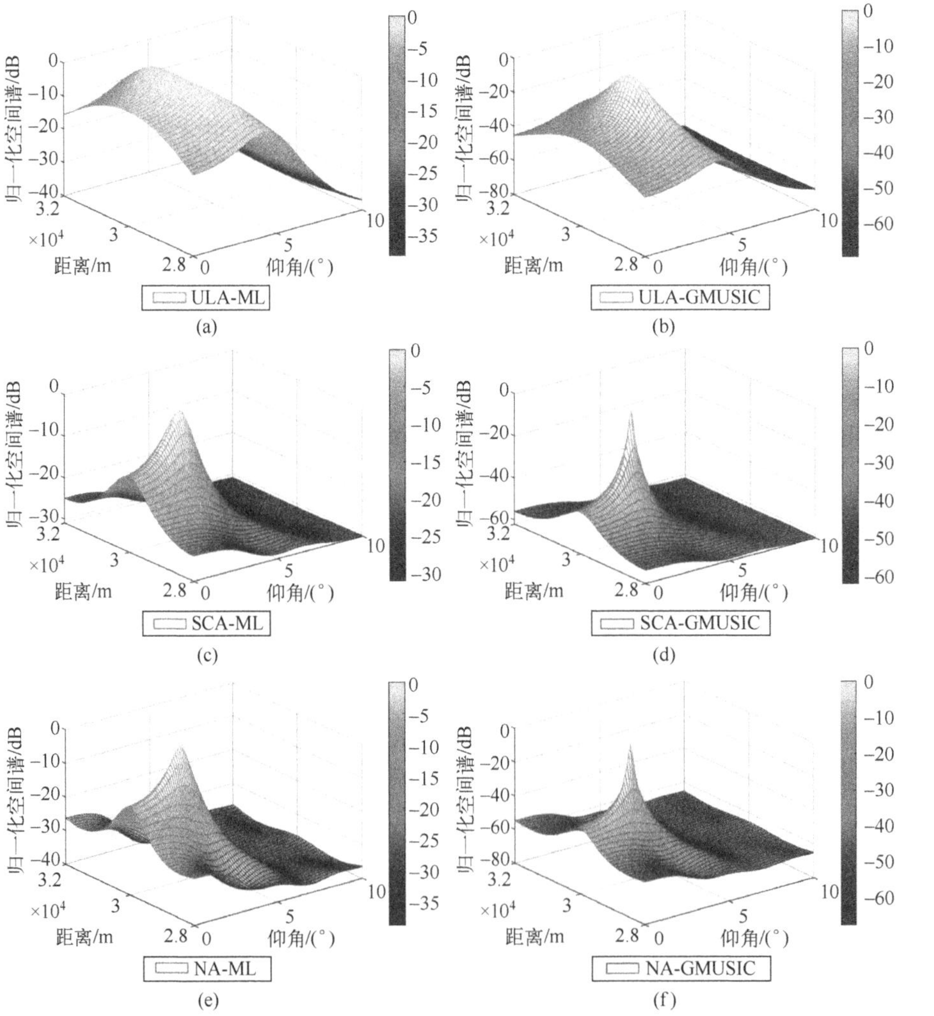

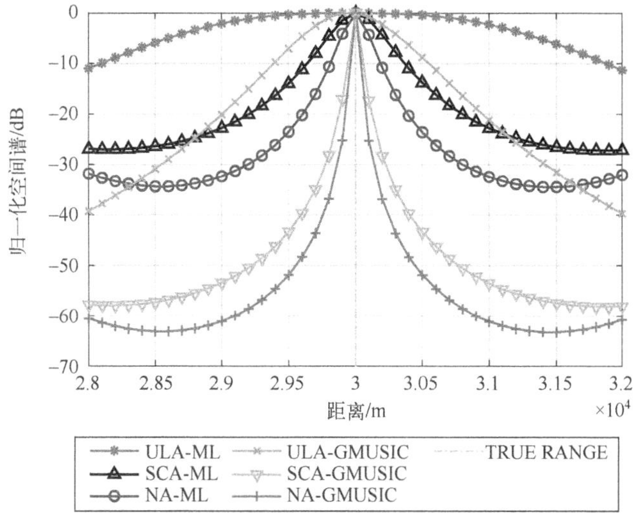


(g)

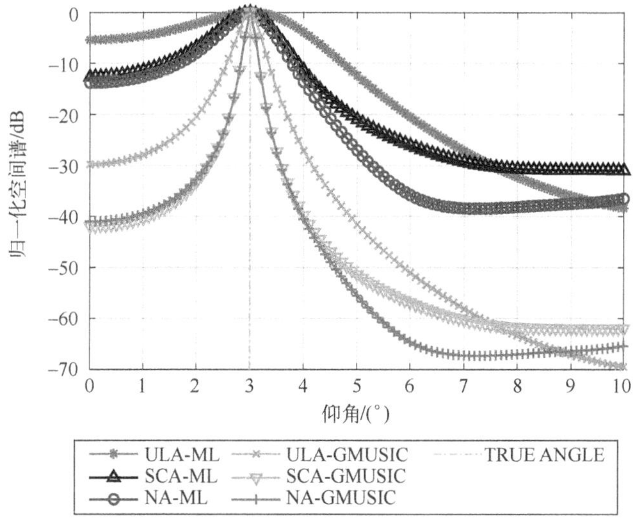


(h)

图 5.2　仰角-距离联合估计空间谱图

(a)~(f) 仰角-距离二维空间谱；(g) 距离维空间谱；(h) 角度维空间谱。

**仿真 2**　分辨力对比实验

此组实验条件为空间非相干目标数量为 3，各目标直达波入射角分别为 $\theta_{d1}=4°$、$\theta_{d2}=7°$和 $\theta_{d3}=4°$，各目标距离分别为 29km、31km 和 31km。SNR 取 0dB，快拍数 $L=30$，角度搜索范围为 0°~10°，搜索间隔为 0.1°，距离搜索范围为 25~35km，搜索间隔为 100m。图 5.3 为各阵列各算法对低空多目标的等高线图。

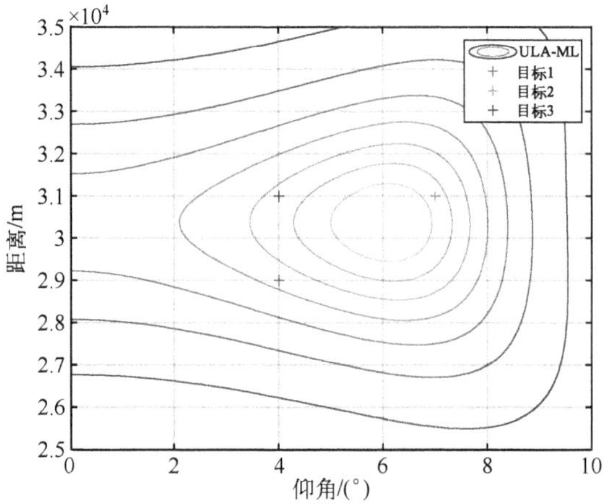

×10^4
ULA-ML
目标1
目标2
目标3
距离/m
3.5
3.4
3.3
3.2
3.1
3
2.9
2.8
2.7
2.6
2.5
0
2
4
6
8
10
仰角/(°)

(a)

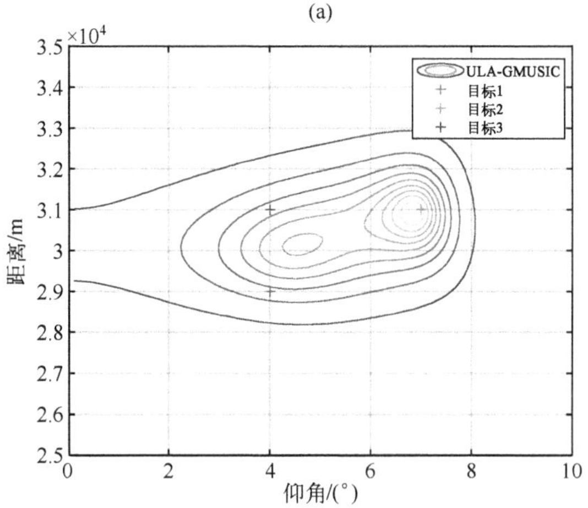

×10^4
ULA-GMUSIC
目标1
目标2
目标3
距离/m
3.5
3.4
3.3
3.2
3.1
3
2.9
2.8
2.7
2.6
2.5
0
2
4
6
8
10
仰角/(°)

(b)

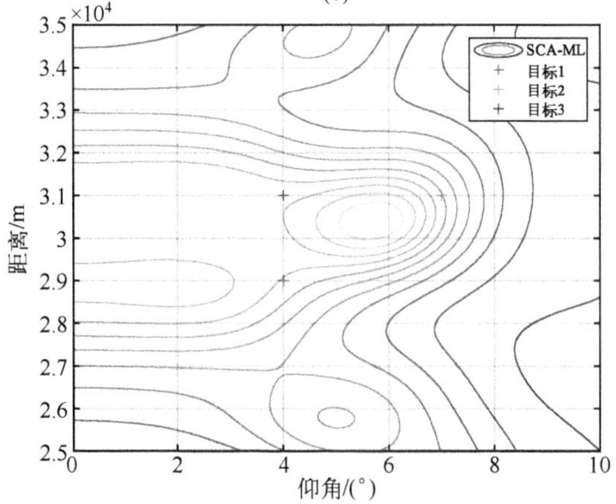

×10^4
SCA-ML
目标1
目标2
目标3
距离/m
3.5
3.4
3.3
3.2
3.1
3
2.9
2.8
2.7
2.6
2.5
0
2
4
6
8
10
仰角/(°)

(c)

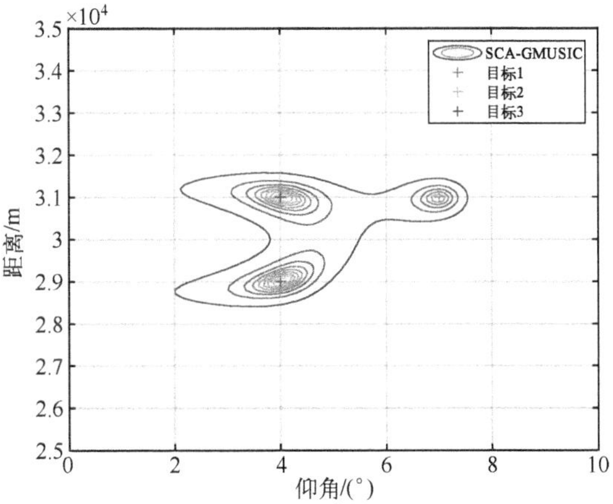


(d)

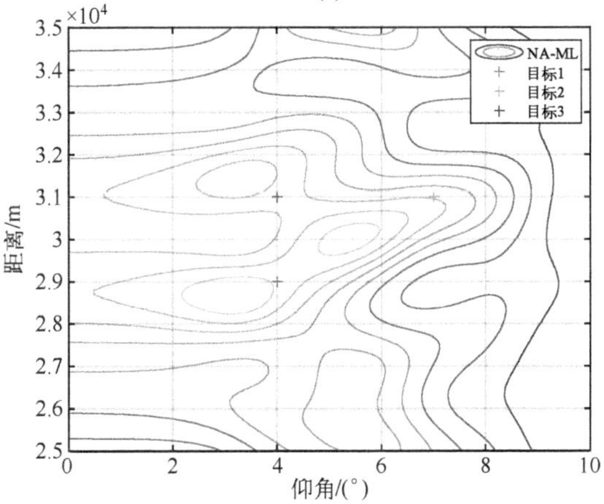


(e)

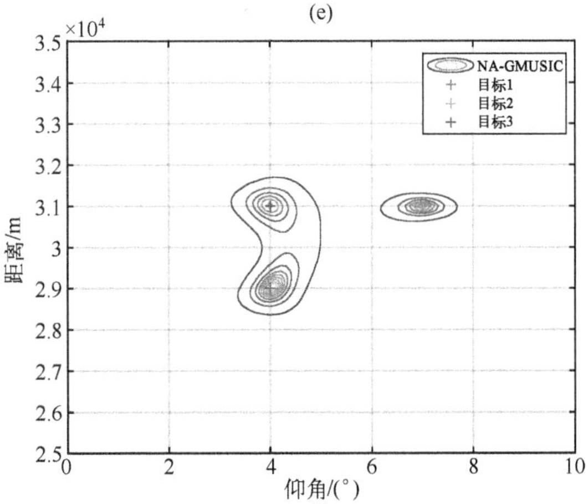


(f)

图 5.3　低空多目标等高线图

由图 5.3 可以发现：

① 在同种算法条件下，二阶 NA-FDA-MIMO 雷达角度与距离分辨力最高，其次是 SCA-FDA-MIMO 雷达，而 ULA-FDA-MIMO 雷达最差，这是因为各阵列 FDA-MIMO 雷达角度与距离分辨力强弱与阵列物理孔径成正相关的关系（距离分辨力与频偏成正比，而频偏与阵列物理孔径也是正相关的关系）。

② 对于同种阵列，GMUSIC 算法角度与距离分辨力高于 ML 算法，主要原因有两点：一是 GMUSIC 算法是特征子空间类算法，其利用噪声子空间与信号子空间的正交性构建空间谱，多个非相干目标数据协方差矩阵分解得到的噪声及信号子空间不受目标数量的影响；二是 ML 算法是基于回波信号拟合类算法，对于多个非相干目标，其回波是多个单目标回波的物理叠加，一定程度上会出现相互影响的情况，这样增加了多个目标分辨的难度。

**仿真 3** 超低空目标空间谱对比实验

此组实验条件为空间目标数量为 1，信噪比 SNR=0dB，快拍数 $L=30$，目标距离为 30km，直达波入射角 $\theta_d$ 分别取值 1°和 2°，角度搜索范围为 -10°~10°，搜索间隔为 0.1°，距离搜索范围为 28~32km，搜索间隔为 100m。图 5.4 为各阵列各算法的超低空目标空间谱图。

由图 5.4 可以发现：

① 稀疏阵列 FDA-MIMO 雷达能准确估计超低空目标仰角及距离，而 ULA 在目标仰角为 2°时勉强能够测量目标仰角，且稀疏阵列比 ULA 仰角及距离维谱峰更尖锐，稀疏阵列 FDA-MIMO 雷达超低空目标角度及距离估计性能更佳。

② 对比两种典型稀疏阵列 FDA-MIMO 雷达，在同种算法条件下，二阶 NA 超低空目标谱峰稍显尖锐，性能稍好。

③ 对比两种算法，在同一阵列条件下，GMUSIC 算法超低空目标角度及距离估计谱峰更尖锐，性能更好。

**仿真 4** 超低空目标角度分辨成功概率对比实验

此组实验条件为空间目标数量为 1，信噪比 SNR=10dB，快拍数 $L=30$，目标距离为 30km。仰角变化范围为 0.4°~4°，变化间隔为 0.4°。角度搜索范围为 0°~10°，搜索间隔为 0.1°。真实目标与镜像目标分辨成功条件同 2.4 节仿真实验 3，这里不再赘述。图 5.5 为各阵列各算法直达波与反射波分辨成功概率随仰角变化关系图。

由图 5.5 可以发现：

① 各阵列各算法直达波与反射波分辨成功概率与目标仰角呈正相关的关系，当仰角大于某一范围时分辨成功概率可达到 100%，受多径效应影响个别角度分

辨成功概率略有降低。

② 稀疏阵列 FDA-MIMO 雷达超低空目标分辨成功概率比 ULA-FDA-MIMO 雷达更高。优异的性能得益于稀疏阵列更大的物理孔径和阵元间距的非均匀性。

③ 对比两种稀疏阵列 FDA-MIMO 雷达，在同一算法条件下，二阶 NA 较 SCA 超低空目标分辨成功概率更高，性能更好，这与第四章仿真结论一致。各阵列 FDA-MIMO 雷达目标成功分辨概率与阵列有效孔径成正比。

④ 在同一阵列下对比两种算法，GMUSIC 算法与 ML 算法分辨成功概率相近，GMUSIC 算法略高，性能更好。

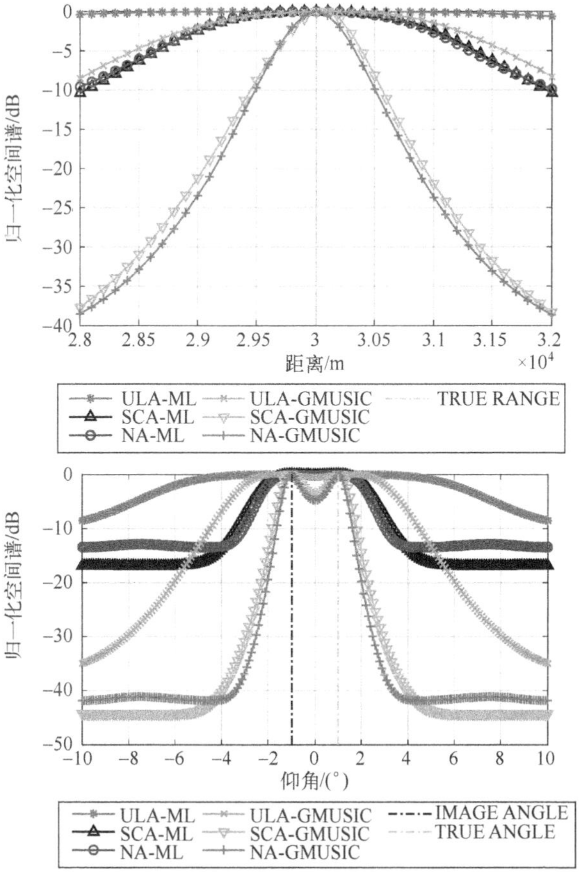

(a)

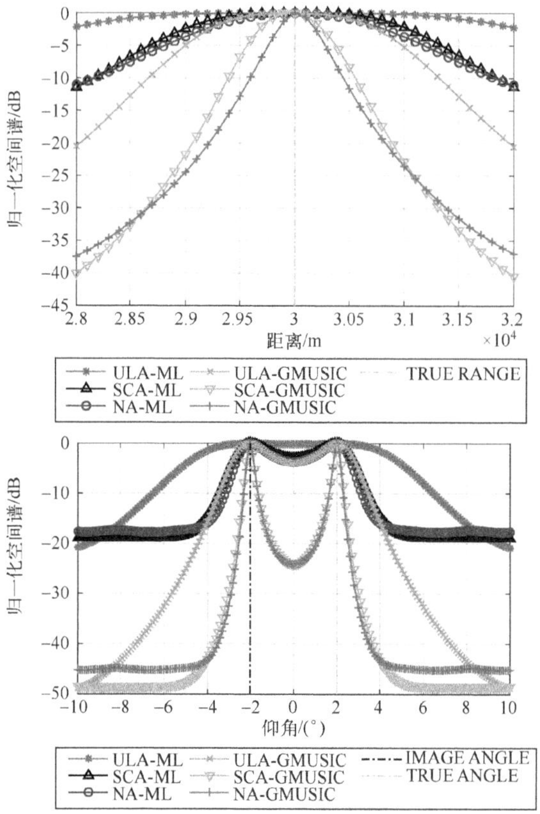


(b)

图 5.4 超低空目标仰角-距离联合估计空间谱图

(a) 目标入射角 1°；(b) 目标入射角 2°。

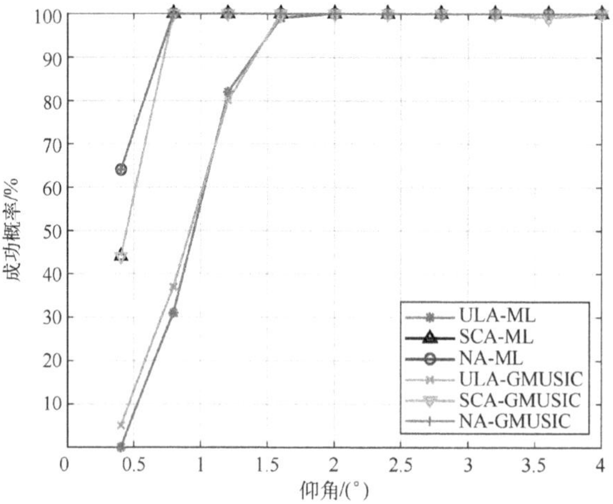


图 5.5 仰角对分辨成功概率的影响

**仿真 5**　仰角影响角度-距离估计性能实验

此组实验条件为空间目标数量为 1，信噪比 SNR = 0dB，快拍数 $L = 30$，目标距离为 30km。仰角取值范围为 0.5°~8°，变化间隔为 0.5°。角度搜索范围为 0°~10°，搜索间隔为 0.01°，距离搜索范围为 28~32km，搜索间隔为 10m。图 5.6 为各阵列各算法角度-距离 RMSE 随仰角变化关系图。

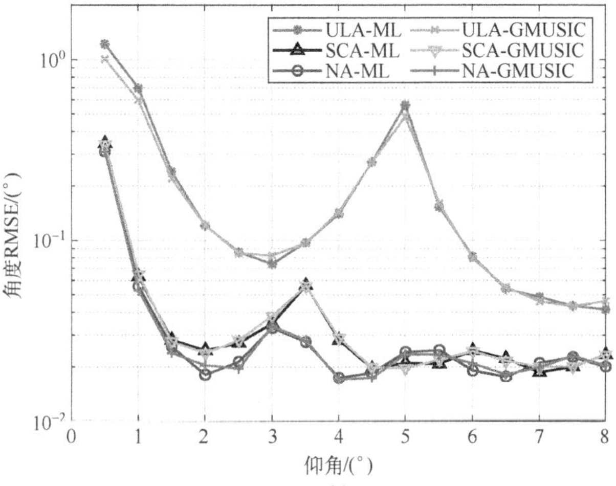


(a)

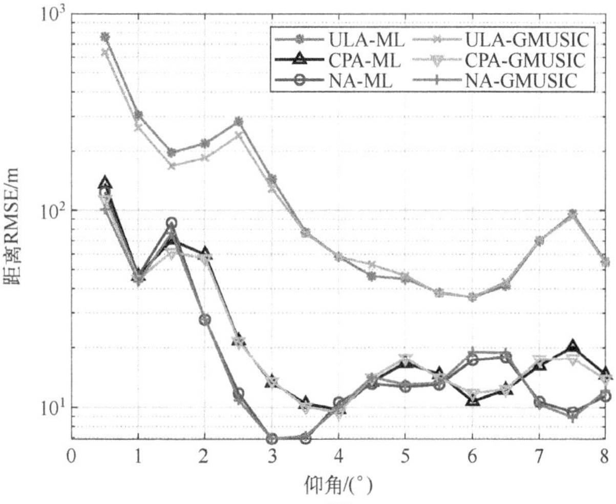


(b)

图 5.6　仰角对角度-距离联合估计精度的影响

(a) 角度 RMSE；(b) 距离 RMSE。

由图 5.6 可以发现：

① 各阵列各算法的角度-距离估计误差与仰角大小大致呈负相关的关系，但

存在随仰角变化会出现不同程度的起伏现象，主要原因是仰角变化带来直达波与反射波波程差的变化，多径衰减系数相位随之出现周期性变化，进而导致目标回波信号功率出现起伏，从而影响角度-距离估计性能；当仰角变大时，直达波和反射波角度间隔随之变大，衰减系数相位对算法影响逐渐变小，仰角-距离估计性能总体上呈上升趋势，且当仰角大于一定范围时角度-距离估计精度趋于稳定；

② 在同等仰角条件下，稀疏阵列 FDA-MIMO 雷达较 ULA-FDA-MIMO 雷达具有更高的角度及距离估计精度和更低的参数估计误差起伏度。

③ 对比两种典型稀疏阵列 FDA-MIMO 雷达，在同等仰角条件下，两种阵列角度及距离估计精度和参数估计误差起伏度相近，总体上看二阶 NA 比 SCA 略高，受多径效应的影响，个别角度存在差别。

④ 对比两种算法，在同等仰角条件下，对于同一阵列 FDA-MIMO 雷达，两种算法角度及距离估计精度和参数估计误差起伏度相近，总体上来看 GMUSIC 算法性能比 ML 算法略高，受多径效应的影响高低互现。

**仿真 6** 信噪比影响仰角-距离联合估计精度实验

此组实验条件为空间目标数量为 1，直达波入射角 $\theta_d=3°$，目标距离为 30km，快拍数 $L=30$。信噪比 SNR 取值范围为-10～10dB，变化间隔为 1dB。角度搜索范围为 0°～10°，搜索间隔为 0.01°，距离搜索范围为 28～32km，搜索间隔为 10m。图 5.7 为各阵列各算法仰角及距离 RMSE 随信噪比变化关系图。

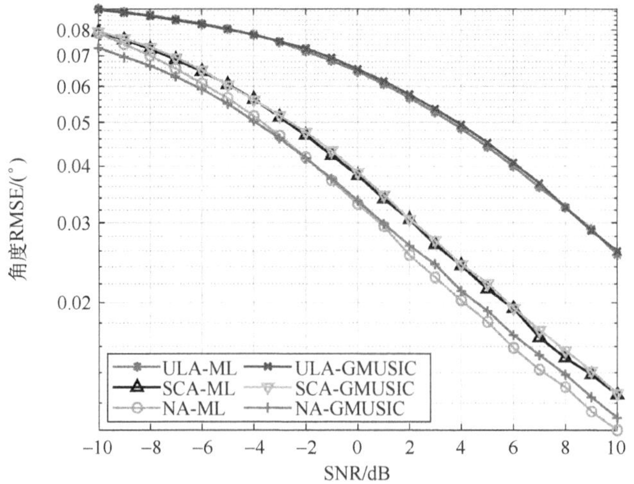

(a)

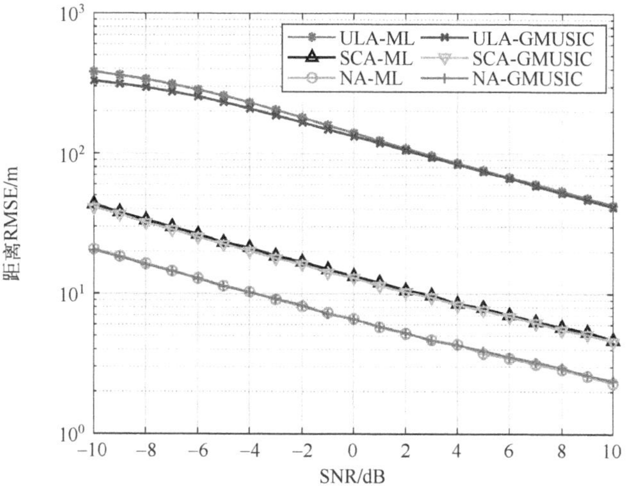

(b)

图 5.7　信噪比对仰角-距离联合估计精度的影响

(a) 角度 RMSE；(b) 距离 RMSE。

由图 5.7 可以发现：

① 各阵列各算法的角度及距离估计精度与信噪比呈正相关的关系，且在信噪比大于某一范围之后，角度及距离估计精度的提升趋于平缓。

② 在同等信噪比条件下，稀疏阵列 FDA-MIMO 雷达角度及距离估计精度比 ULA 更高。

③ 对比两种典型稀疏阵列 FDA-MIMO 雷达，在同等信噪比条件下，二阶 NA 角度及距离估计精度比 SCA 略高。

④ 在同一阵列 FDA-MIMO 雷达下对比两种算法，在同等信噪比条件下，两种算法角度及距离估计精度相近。这与实验五结论一致。

**仿真 7**　快拍数影响仰角-距离联合估计精度实验

此组实验条件为空间目标数量为 1，直达波入射角 $\theta_d=3°$，目标距离为 30km，信噪比 SNR = 0dB。快拍数 $L$ 取值范围为 2 ~ 30 次，变化间隔为 2 次。角度搜索范围为 0° ~ 10°，搜索间隔为 0.01°，距离搜索范围为 28 ~ 32km，搜索间隔为 10 m。图 5.8 为各阵列各算法仰角及距离 RMSE 随快拍数变化关系图。

由图 5.8 可以发现：

① 各阵列各算法的测角及测距精度与快拍数呈正相关的关系，且在快拍数大于某一范围之后，测角精度的提升趋于平缓。

② 在同等快拍数条件下，稀疏阵列 FDA-MIMO 雷达测角及测距精度比 ULA

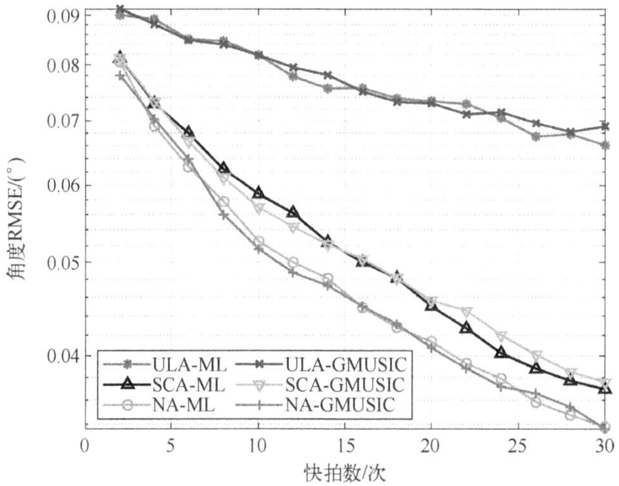


(a)

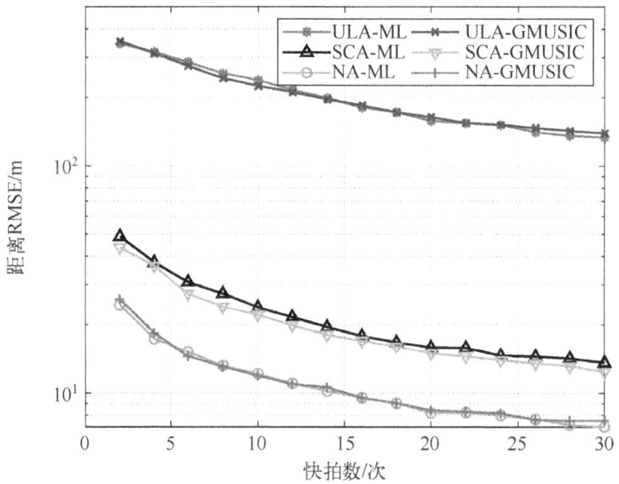


(b)

图 5.8　快拍数对仰角-距离联合估计精度的影响

（a）角度 RMSE；（b）距离 RMSE。

更高。

③ 对比两种典型稀疏阵列 FDA-MIMO 雷达，在同等快拍数条件下，二阶 NA 测角及测距精度比 SCA 略高。

④ 在同一阵列 FDA-MIMO 雷达下对比两种算法，在同等快拍数条件下，两种算法测角及测距精度相近。这与实验五结论一致。

**仿真 8**　幅相误差影响角度-距离估计精度实验

此组实验条件为空间目标数量为 1，直达波入射角 $\theta_d=3°$，目标距离为

30km，信噪比 SNR = 0dB，快拍数 $L = 30$。幅度误差和相位误差均服从均匀分布，幅度误差取值范围为 0%～20%，变化间隔为 4%，相位误差取值范围为 0°～45°，变化间隔为 5°，角度搜索范围为 0°～10°，搜索间隔为 0.01°，距离搜索范围为 28～32km，搜索间隔为 10m。图 5.9 为各阵列各算法目标仰角与距离 RMSE 随幅相误差变化关系图。

由图 5.9 可以发现：

① 各阵列各算法的角度及距离估计精度与幅相误差呈负相关的关系，且在幅相误差大于某一范围之后，角度及距离估计误差变化趋于平缓；

② 对于同种算法，在同等幅相误差条件下，稀疏阵列 FDA-MIMO 雷达仰角-距离估计精度比 ULA 更高。主要原因是其阵列具有更大的物理孔径。

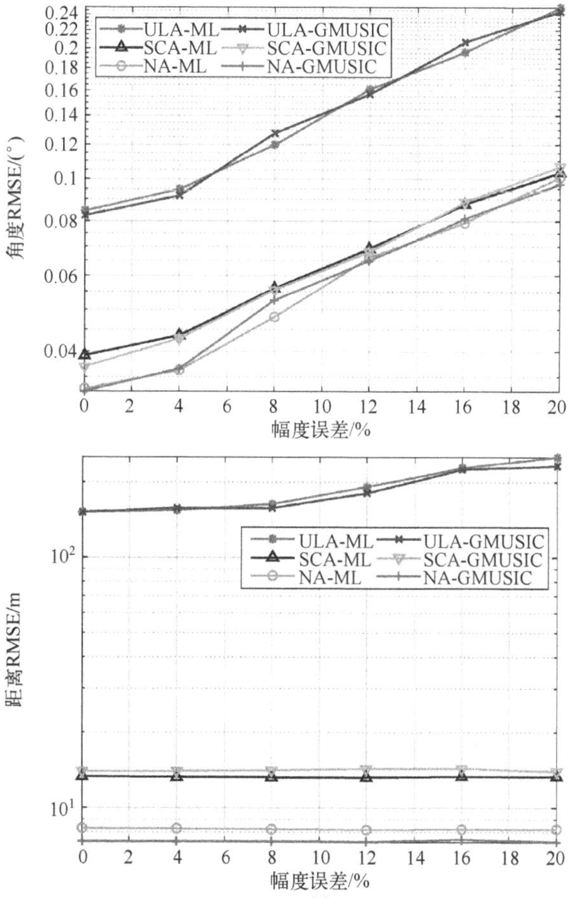

(a)

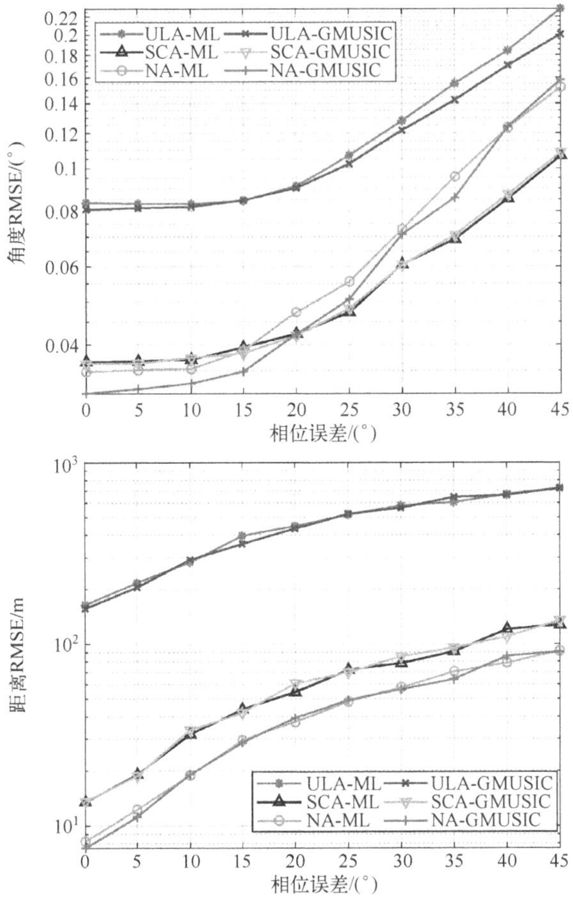


(b)

图 5.9 幅相误差对角度-距离估计精度的影响

(a) 存在幅度误差时的性能曲线；(b) 存在相位误差时的性能曲线。

③ 对比两种典型稀疏阵列 FDA-MIMO 雷达，在同等幅相误差条件下，二阶 NA 角度及距离估计精度总体上看比 SCA 略高，主要原因是等阵元数的二阶 NA 阵列孔径较 SCA 大。

④ 在同一阵列 FDA-MIMO 雷达下对比两种算法，在同等幅相误差条件下，两种算法角度及距离估计精度相近。这与实验五结论一致。

## 5.5 小　　结

为了提高米波 FDA-MIMO 雷达低空目标的仰角及距离估计精度和分辨力，

并降低目标参数估计误差的起伏度，本章用稀疏阵列代替 ULA 做单基地米波 FDA-MIMO 雷达的收发天线。其主要利用稀疏阵列独特的阵列结构和 MIMO 体制雷达虚拟孔径扩展原理，使其相比于 ULA，可以在物理阵元数目一定的前提下实现有效阵列孔径的扩展，在提高低空目标仰角及距离估计精度和分辨力的同时，降低参数估计误差的起伏度。本章完整推导了单基地米波稀疏阵列 FDA-MIMO 雷达低仰角-距离联合估计模型，并整合了回波信号的表达形式，然后利用无需解相干的 GMUSIC 算法和 ML 算法实现了低空目标仰角-距离二维参数的联合估计。仿真结果表明基于稀疏阵列的单基地米波 FDA-MIMO 雷达在低仰角条件下具有比 ULA 更高的仰角及距离估计精度和分辨力，更低的参数估计误差起伏度，尤其是针对超低空目标优势更加明显，且在少快拍数、低信噪比时效果更佳。对比两种典型米波稀疏阵列 FDA-MIMO 雷达，在同等条件下，二阶 NA 角度及距离估计精度和分辨力比 SCA 更高，仰角及距离估计误差起伏度相近。对比两种算法，在同等条件下，GMUSIC 算法较 ML 算法角度和距离分辨力高，仰角及距离估计精度和误差起伏度相近。

# 第6章　基于稀疏阵列的米波TR-MIMO雷达低仰角估计方法分析

## 6.1 引　言

米波TR-MIMO雷达低仰角估计技术近年来有较多成果，但目前诸多文献所提算法均基于ULA信号模型，该模型受多径效应影响较大。现代战争具有敌空中目标数量多、间隔小等特点，促使目标探测需要更高的角度分辨力、测角精度和稳定度。基于ULA的米波MIMO雷达在角度分辨力、测角精度和稳定度方面已无法满足现代战争的实际需求，而稀疏阵列以其特有的高分辨力、高精度和低互耦率等优势为解决这一问题提供了较为成熟的方案，且其巨大性能优势与MIMO雷达结合极大地扩展了阵列有效孔径，进而提升角度估计性能。另外，稀疏阵列阵元间距具有非均匀性，对于多径反射条件下的目标，直达波与反射波波程差引起的相位差会因阵元间距的非均匀性而不同，则不能同时在所有阵元中相互抵消，这为克服多径效应的影响降低仰角估计误差起伏度提供了一种解决方案。

为进一步提高米波TR-MIMO雷达低空目标探测性能，尤其是提升对超低空目标的仰角估计性能，本节从稀疏阵列结构优势和算法创新两个方面考虑，将稀疏阵列作为发射天线引入单基地米波TR-MIMO雷达系统，并结合GMUSIC算法和ML算法提出一种适用于单基地米波稀疏阵列TR-MIMO雷达的低仰角估计方法，且该方法对阵列结构没有特殊要求，同样适用于ULA。具体内容安排如下：6.2节推导构建了米波稀疏阵列TR-MIMO雷达镜面多径反射信号模型；6.3节结合GMUSIC算法和ML算法提出了基于稀疏阵列的米波TR-MIMO雷达低仰角估计的三种算法；6.4节总结了所提算法的步骤，并对算法参数估计性能及计算复杂度进行分析；6.5节仿真实验验证了所提方法的优越性；6.6节对本章研究内容进行小结。

## 6.2　米波稀疏阵列 TR-MIMO 雷达镜面多径反射信号模型

如图 6.1 所示，考虑一个单基地收发分置的米波稀疏阵列 TR-MIMO 雷达系统，天线垂直放置，发射接收阵元数目分别为 $P_t$ 和 $P_r$，其阵元位置分别为$\mathbb{P}_t=\{d_{tg}\,|\,1\leqslant g\leqslant P_t\}$和$\mathbb{P}_r=\{d_{rh}\,|\,1\leqslant h\leqslant P_r\}$，假设地面为光滑平坦地面。对于远场目标，由于收发阵列间距较近，发射角和接收角（含地面反射角）近似相等，其中 $\theta_d$ 和 $\theta_s$ 分别代表直达波和多径反射波的入射角。

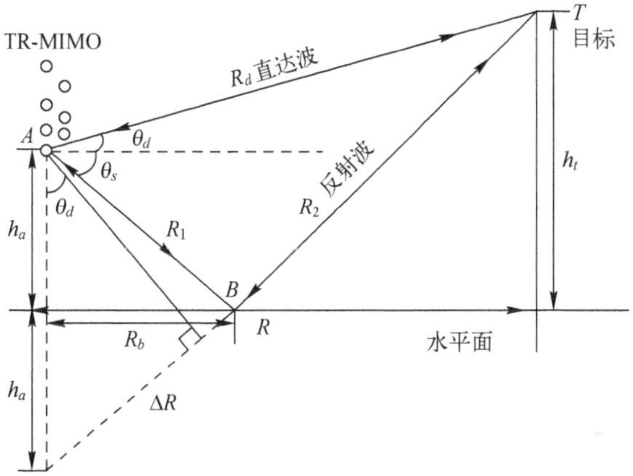


图 6.1　米波 TR-MIMO 雷达镜面多径反射信号模型

TR-MIMO 雷达的发射信号 $\boldsymbol{\varphi}(t)\in\boldsymbol{C}^{P_t\times1}$是相互正交的，其满足下式：

$$\int_0^{T_p}\boldsymbol{\varphi}(t)\boldsymbol{\varphi}(t)^{\mathrm{H}}\mathrm{d}t=\boldsymbol{I}_{P_t}\tag{6.1}$$

式中：$T_p$ 为一个脉冲持续时间。

此时发射信号经空气传播到达目标处的信号为

$$\boldsymbol{x}(t)=[\boldsymbol{a}_t(\theta_d)+\rho\mathrm{e}^{-\mathrm{j}k_0\Delta R}\boldsymbol{a}_t(\theta_s)]^{\mathrm{T}}\boldsymbol{\varphi}(t)\tag{6.2}$$

观察图 6.1 不难发现，直达波与反射波波程差 $\Delta R$ 计算公式如下：$\Delta R\approx 2h_a\sin\theta_d$，其中，$h_a$ 表示天线高度，$\boldsymbol{a}_t(\theta_d)$和 $\boldsymbol{a}_t(\theta_s)$分别为发射直达波和反射波导向矢量，其表达式分别为

$$\boldsymbol{a}_t(\theta_d)=[a_{t1}(\theta_d),a_{t2}(\theta_d),\cdots,a_{tP_t}(\theta_d)]^{\mathrm{T}}=[\mathrm{e}^{-\mathrm{j}2\pi d_{t1}\sin\theta_d/\lambda},\cdots,\mathrm{e}^{-\mathrm{j}2\pi d_{tP_t}\sin\theta_d/\lambda}]^{\mathrm{T}}\tag{6.3}$$

$$\boldsymbol{a}_t(\theta_s)=[a_{t1}(\theta_s),a_{t2}(\theta_s),\cdots,a_{tP_t}(\theta_s)]^{\mathrm{T}}=[\mathrm{e}^{-\mathrm{j}2\pi d_{t1}\sin\theta_s/\lambda},\cdots,\mathrm{e}^{-\mathrm{j}2\pi d_{tP_t}\sin\theta_s/\lambda}]^{\mathrm{T}} \tag{6.4}$$

则第 $p$ 个阵元接收到的信号表达式为

$$z_p(t,\tau)=[a_{r,p}(\theta_d)+\gamma a_{r,p}(\theta_s)]\beta(\tau)\boldsymbol{x}(t)+v_p(t,\tau) \tag{6.5}$$

式中：$\gamma=\rho\mathrm{e}^{-\mathrm{j}k_0\Delta R}$；$\beta(\tau)=\alpha\mathrm{e}^{\mathrm{j}2\pi f_d\tau}$为不同脉冲下目标复反射系数，$f_d$ 为多普勒频率；$v_p(t,\tau)$为第 $p$ 个阵元内的高斯白噪声

则整个阵列接收到的信号矩阵为

$$\begin{aligned}\boldsymbol{z}(t,\tau)&=[\boldsymbol{a}_r(\theta_d)+\gamma\boldsymbol{a}_r(\theta_s)]\beta(\tau)[\boldsymbol{a}_t(\theta_d)+\gamma\boldsymbol{a}_t(\theta_s)]^{\mathrm{T}}\boldsymbol{\varphi}(t)+\boldsymbol{v}(t,\tau)\\&=\beta(\tau)\boldsymbol{A}_r\boldsymbol{A}_t^{\mathrm{T}}\boldsymbol{\varphi}(t)+\boldsymbol{v}(t,\tau)\end{aligned} \tag{6.6}$$

式中：$\boldsymbol{A}_r=\boldsymbol{a}_r(\theta_d)+\gamma\boldsymbol{a}_r(\theta_s)$；$\boldsymbol{A}_t=\boldsymbol{a}_t(\theta_d)+\gamma\boldsymbol{a}_t(\theta_s)$；$\boldsymbol{v}(t,\tau)$为高斯白噪声；$\boldsymbol{a}_r(\theta_d)$和 $\boldsymbol{a}_r(\theta_s)$分别为接收直达波和反射波导向矢量，其表达式分别为

$$\boldsymbol{a}_r(\theta_d)=[a_{r1}(\theta_d),a_{r2}(\theta_d),\cdots,a_{rP_r}(\theta_d)]^{\mathrm{T}}=[\mathrm{e}^{-\mathrm{j}2\pi d_{r1}\sin\theta_d/\lambda},\cdots,\mathrm{e}^{-\mathrm{j}2\pi d_{rP_r}\sin\theta_d/\lambda}]^{\mathrm{T}} \tag{6.7}$$

$$\boldsymbol{a}_r(\theta_s)=[a_{r1}(\theta_s),a_{r2}(\theta_s),\cdots,a_{rP_r}(\theta_s)]^{\mathrm{T}}=[\mathrm{e}^{-\mathrm{j}2\pi d_{r1}\sin\theta_s/\lambda},\cdots,\mathrm{e}^{-\mathrm{j}2\pi d_{rP_r}\sin\theta_s/\lambda}]^{\mathrm{T}} \tag{6.8}$$

根据时间反转的原理，将式（6.6）中接收端信号矩阵取共轭并且时间反转，进行能量归一化，再次发射出去[112-114]。发射信号为 $\varepsilon\boldsymbol{z}^*(-t,\tau)$，其中，$\varepsilon$ 为能量归一化因子。则 TR-MIMO 雷达接收端的信号矩阵表达式为

$$\begin{aligned}z_t(t,\tau)&=\beta(\tau)\boldsymbol{A}_t\boldsymbol{A}_r^{\mathrm{T}}\varepsilon\boldsymbol{z}^*(-t,\tau)+\boldsymbol{v}(t,\tau)\\&=\varepsilon\beta^2(\tau)\boldsymbol{A}_t\boldsymbol{A}_r^{\mathrm{T}}\boldsymbol{A}_r^*\boldsymbol{A}_t^{\mathrm{H}}\boldsymbol{\varphi}^*(-t)+\varepsilon\beta(\tau)\boldsymbol{A}_t\boldsymbol{A}_r^{\mathrm{T}}\boldsymbol{v}^*(-t,\tau)+\boldsymbol{v}(t,\tau)\\&=\varepsilon\beta^2(\tau)\boldsymbol{A}_t\boldsymbol{A}_r^{\mathrm{T}}\boldsymbol{A}_r^*\boldsymbol{A}_t^{\mathrm{H}}\boldsymbol{\varphi}^*(-t)+\boldsymbol{w}(t,\tau)\\&=P_r\varepsilon\beta^2(\tau)\boldsymbol{A}_t\boldsymbol{A}_t^{\mathrm{H}}\boldsymbol{\varphi}^*(-t)+\boldsymbol{w}(t,\tau)\\&=P_r\beta(\tau)\boldsymbol{A}_t\boldsymbol{A}_t^{\mathrm{H}}\boldsymbol{\varphi}^*(-t)+\boldsymbol{w}(t,\tau)\end{aligned} \tag{6.9}$$

式中：$\boldsymbol{w}(t,\tau)$为累积噪声，根据文献［114］可知，其可近似为高斯白噪声。

利用发射信号 $\boldsymbol{\varphi}(t)$对式（6.9）匹配滤波后可得

$$\begin{aligned}\boldsymbol{Z}_t&=\int_0^{T_p}z_a(t,\tau)\boldsymbol{\varphi}(t)^{\mathrm{H}}\mathrm{d}t\\&=P_r\beta(\tau)\boldsymbol{A}_t\boldsymbol{A}_t^{\mathrm{H}}\int_0^{T_p}\boldsymbol{\varphi}^*(-t)\boldsymbol{\varphi}(-t)^{\mathrm{T}}\mathrm{d}t+\int_0^{T_p}\boldsymbol{w}(t,\tau)\boldsymbol{\varphi}(-t)^{\mathrm{T}}\mathrm{d}t\\&=P_r\beta(\tau)\boldsymbol{A}_t\boldsymbol{A}_t^{\mathrm{H}}+\boldsymbol{W}(\tau)\end{aligned} \tag{6.10}$$

对式（6.10）进行矢量化操作得

$$\boldsymbol{Y}_t=\mathrm{vec}(\boldsymbol{Z}_t)=P_r\beta(\tau)\boldsymbol{A}_t^*\otimes\boldsymbol{A}_t+\mathrm{vec}[\boldsymbol{W}(\tau)]=P_r\beta(\tau)\widetilde{\boldsymbol{A}}+\boldsymbol{W}_t \tag{6.11}$$

式中：$\widetilde{\boldsymbol{A}}$为米波 TR-MIMO 雷达复合导向矢量，其表达式为

$$\widetilde{\boldsymbol{A}}=[\boldsymbol{a}_t(\theta_d)+\gamma\boldsymbol{a}_t(\theta_s)]^*\otimes[\boldsymbol{a}_t(\theta_d)+\gamma\boldsymbol{a}_t(\theta_s)] \tag{6.12}$$

$\boldsymbol{W}_t$ 为经匹配滤波、矢量化操作后的噪声，因原始噪声 $\boldsymbol{w}(t,\tau)$ 近似为高斯白噪声，由文献［104］可知 $\boldsymbol{W}_t$ 仍为高斯白噪声。

上述信号模型适用于任何阵列结构，其研究对象是单个目标，且只存在一条反射路径。对于多个非相干目标，总的目标回波是单个目标回波的和。整个阵列接收到的信号矩阵推导过程不再赘述，直接给出结论。

假设米波 TR-MIMO 雷达俯仰角波束宽度内有 $K$ 个非相干目标，其距离相等，即雷达无法从时域上将其分辨。各目标直达波和反射波入射角分别为 $\theta_{dk}$ 和 $\theta_{sk}$，其中，$k=1,2,\cdots,K$。

则矢量化后的回波信号矩阵表达式为

$$\boldsymbol{Y}_t=P_r\boldsymbol{A}_t^*\odot\boldsymbol{A}_t\boldsymbol{\Psi}+\boldsymbol{W}_t=P_r\widetilde{\boldsymbol{A}}\boldsymbol{\Psi}+\boldsymbol{W}_t \tag{6.13}$$

式中：$\odot$代表 Khatri-Rao 积；$\boldsymbol{\Psi}=[\beta_1,\beta_2,\cdots\beta_K]$，为目标复反射系数矩阵，其与各个目标多普勒频移相关。

式（6.13）中复合导向矢量$\widetilde{\boldsymbol{A}}$表达式为

$$\begin{aligned}\widetilde{\boldsymbol{A}}&=\boldsymbol{A}_t^*\odot\boldsymbol{A}_t\\&=\boldsymbol{A}_t^*(\theta_d,\theta_s)\odot\boldsymbol{A}_t(\theta_d,\theta_s)\\&=[\boldsymbol{A}_t^*(\theta_{d1},\theta_{s1})\otimes\boldsymbol{A}_t(\theta_{d1},\theta_{s1}),\boldsymbol{A}_t^*(\theta_{d2},\theta_{s2})\otimes\boldsymbol{A}_t(\theta_{d2},\theta_{s2}),\\&\quad\cdots,\boldsymbol{A}_t^*(\theta_{dk},\theta_{sk})\otimes\boldsymbol{A}_t(\theta_{dk},\theta_{sk}),\cdots,\boldsymbol{A}_t^*(\theta_{dK},\theta_{sK})\otimes\boldsymbol{A}_t(\theta_{dK},\theta_{sK})]\end{aligned} \tag{6.14}$$

式中：$\boldsymbol{A}_t(\theta_{dk},\theta_{sk})=\boldsymbol{a}_t(\theta_{dk})+\gamma\boldsymbol{a}_t(\theta_{sk})$。

## 6.3　基于稀疏阵列的米波 TR-MIMO 雷达低仰角估计方法

本节结合 GMUSIC 算法和 ML 算法针对米波 TR-MIMO 雷达低仰角估计问题提出三种算法，即基本算法、实值处理算法和降维实值处理算法，下面分别介绍。

### 6.3.1　基本算法

根据 4.4.1 节理论推导，单基地稀疏阵列 MIMO 雷达利用虚拟阵列估计低空目标仰角是不可行的。考虑到 TR-MIMO 雷达与 MIMO 雷达体制相同，则单基地稀疏阵列 TR-MIMO 雷达利用虚拟阵列估计低空目标仰角同样是不可行的。基于此本书重点研究基于物理阵列的单基地稀疏阵列 TR-MIMO 雷达低仰角估计方法。

经典 MUSIC 算法利用信号子空间与噪声子空间相互正交的原理进行空间谱

估计[16]，但米波 TR-MIMO 雷达回波信号中存在严重的多径反射信号，并且导向矢量内部还存在诸如 $\boldsymbol{a}_t^*(\theta_d)\otimes\boldsymbol{a}_t(\theta_s)$ 的耦合问题，这致使其与噪声子空间失去正交性。文献［112］利用 FBSS 解相干算法对米波 TR-MIMO 雷达回波数据进行预处理后利用常规 MUSIC 算法实现低仰角估计，但是对测角性能的改善效果并不好。本书借鉴米波 MIMO 雷达低仰角估计方法相关研究成果，提出了一种适用于米波 TR-MIMO 雷达的 GMUSIC 算法和 ML 算法，该算法提出的导向矢量矩阵与噪声子空间仍然正交。

对式（6.11）化简变形得

$$\begin{aligned}\boldsymbol{Y}_t &= [\boldsymbol{a}_t^*(\theta_d)\otimes\boldsymbol{a}_t(\theta_d)\boldsymbol{a}_t^*(\theta_d)\otimes\boldsymbol{a}_t(\theta_s)\boldsymbol{a}_t^*(\theta_s)\otimes\boldsymbol{a}_t(\theta_d)\boldsymbol{a}_t^*(\theta_s)\otimes\boldsymbol{a}_t(\theta_s)]\cdot\\ &\quad [1\ \gamma\ \gamma^*\ 1]^{\mathrm{T}}P_r\beta(\tau)+\boldsymbol{W}_t \\ &= P_r\beta(\tau)\widetilde{\boldsymbol{A}}(\theta)[1\ \gamma\ \gamma^*\ 1]^{\mathrm{T}}+\boldsymbol{W}_t \\ &= P_r\beta(\tau)\widetilde{\boldsymbol{A}}(\boldsymbol{\theta})\boldsymbol{\omega}+\boldsymbol{W}_t\end{aligned} \tag{6.15}$$

式中：$\boldsymbol{\omega}=[1\ \gamma\ \gamma^*\ 1]^{\mathrm{T}}$；

$$\widetilde{\boldsymbol{A}}(\theta)=[\boldsymbol{a}_t^*(\theta_d)\otimes\boldsymbol{a}_t(\theta_d)\ \ \boldsymbol{a}_t^*(\theta_d)\otimes\boldsymbol{a}_t(\theta_s)\ \ \boldsymbol{a}_t^*(\theta_s)\otimes\boldsymbol{a}_t(\theta_d)\ \ \boldsymbol{a}_t^*(\theta_s)\otimes\boldsymbol{a}_t(\theta_s)] \tag{6.16}$$

则协方差矩阵 $\boldsymbol{R}$ 为

$$\begin{aligned}\boldsymbol{R} &= E[\boldsymbol{Y}_t\boldsymbol{Y}_t^{\mathrm{H}}] \\ &= P_r^2E[\beta(\tau)\beta^{\mathrm{H}}(\tau)]\widetilde{\boldsymbol{A}}(\theta)\boldsymbol{\omega}\boldsymbol{\omega}^{\mathrm{H}}\widetilde{\boldsymbol{A}}^{H}(\theta)+\sigma_n^2\boldsymbol{I}_{P_t\times P_t} \\ &= P_r^2\sigma_s^2\widetilde{\boldsymbol{A}}(\theta)\boldsymbol{\omega}\boldsymbol{\omega}^{\mathrm{H}}\widetilde{\boldsymbol{A}}^{\mathrm{H}}(\theta)+\sigma_n^2\boldsymbol{I}_{P_t\times P_t}\end{aligned} \tag{6.17}$$

式中：$\sigma_s^2=E[\beta(\tau)\beta(\tau)^{\mathrm{H}}]$ 和 $\sigma_n^2=E[\boldsymbol{V}\boldsymbol{V}^{\mathrm{H}}]$ 分别代表信号功率和噪声功率。

$\widetilde{\boldsymbol{A}}(\theta)$ 为本章所提导向矢量矩阵，其在低空多径反射条件下仍与噪声子空间正交。回波数据协方差矩阵可依据最大似然估计准则从下式得到

$$\hat{\boldsymbol{R}}=\frac{1}{L}\boldsymbol{Y}_t\boldsymbol{Y}_t^{\mathrm{H}} \tag{6.18}$$

此时 GMUSIC 算法谱峰搜索函数为

$$f_{\mathrm{GMUSIC}}^{\mathrm{TR-MIMO}}(\theta)=\frac{\det[\widetilde{\boldsymbol{A}}^{\mathrm{H}}(\theta)\widetilde{\boldsymbol{A}}(\theta)]}{\det[\widetilde{\boldsymbol{A}}^{\mathrm{H}}(\theta)\boldsymbol{E}_n^{\mathrm{H}}\boldsymbol{E}_n\widetilde{\boldsymbol{A}}(\theta)]} \tag{6.19}$$

式中：$\boldsymbol{E}_n$ 为 $\hat{\boldsymbol{R}}$ 特征分解得到的噪声子空间。

式（6.19）为二维搜索，可利用 $\theta_d$ 和 $\theta_s$ 之间的几何关系式（2.16）进行降维搜索。

同理，利用本书所提的导向矢量矩阵 $\widetilde{\boldsymbol{A}}(\theta)$ 构造 ML 算法空间投影矩阵如下：

$$\hat{\boldsymbol{P}}(\theta)=\widetilde{\boldsymbol{A}}(\theta)(\widetilde{\boldsymbol{A}}^{\mathrm{H}}(\theta)\widetilde{\boldsymbol{A}}(\theta))^{-1}\widetilde{\boldsymbol{A}}^{H}(\theta) \tag{6.20}$$

则 ML 算法谱峰搜索函数为

$$f_{\mathrm{ML}}^{\mathrm{TR-MIMO}}(\theta)=\frac{1}{\det[\operatorname{trace}(\boldsymbol{I}_P-\hat{\boldsymbol{P}}(\theta))\hat{\boldsymbol{R}}]} \tag{6.21}$$

式中：trace 为求迹运算符；$P=P_t \times P_t$。

观察获得空间谱，找出波峰所在的位置对应的角度，便得到仰角估计值$\hat{\theta}_d$。

### 6.3.2 实值处理算法

MIMO 雷达在增强系统性能的同时，大幅增加了运算量，而 TR 技术的接收重发也增大了计算冗余，所以 TR-MIMO 雷达系统有庞大的计算量[127]。为降低算法计算量，可借鉴第三章所提实值处理的方法利用酉矩阵对回波数据和本节所提导向矢量进行实值处理，这里酉矩阵 $\boldsymbol{U}$ 和变换矩阵 $\boldsymbol{\Pi}$ 的维度为 $P \times P$。

则经过实值处理的回波数据协方差矩阵和导向矢量表达式如下：

$$\hat{\boldsymbol{R}}_U=\frac{1}{2}\boldsymbol{U}^{\mathrm{H}}(\hat{\boldsymbol{R}}+\boldsymbol{\Pi}^{\mathrm{H}}\hat{\boldsymbol{R}}^*\boldsymbol{\Pi})\boldsymbol{U} \tag{6.22}$$

$$\widetilde{\boldsymbol{A}}_U(\theta)=\boldsymbol{U}^{\mathrm{H}}\widetilde{\boldsymbol{A}}(\theta) \tag{6.23}$$

实值处理后利用 UGMUSIC 算法或 UML 算法估计目标低仰角，适用于米波 TR-MIMO 雷达的 UGMUSIC 算法和 UML 算法谱峰搜索函数如下：

$$f_{\mathrm{UGMUSIC}}^{\mathrm{TR-MIMO}}(\theta)=\frac{\det(\widetilde{\boldsymbol{A}}_U^{\mathrm{H}}(\theta)\widetilde{\boldsymbol{A}}_U(\theta))}{\det(\widetilde{\boldsymbol{A}}_U^{\mathrm{H}}(\theta)\boldsymbol{U}_n\boldsymbol{U}_n^{\mathrm{H}}\widetilde{\boldsymbol{A}}_U(\theta))} \tag{6.24}$$

$$f_{\mathrm{UML}}^{\mathrm{TR-MIMO}}(\theta)=\frac{1}{\det[\operatorname{trace}(\boldsymbol{I}_P-\hat{\boldsymbol{P}}_U(\theta))\hat{\boldsymbol{R}}_U]} \tag{6.25}$$

式中：$\boldsymbol{U}_n$ 为实协方差矩阵$\hat{\boldsymbol{R}}_U$ 特征分解得到的实噪声子空间。

实值空间投影矩阵如下：

$$\hat{\boldsymbol{P}}_U(\theta)=\widetilde{\boldsymbol{A}}_U(\theta)(\widetilde{\boldsymbol{A}}_U^{\mathrm{H}}(\theta)\widetilde{\boldsymbol{A}}_U(\theta))^{-1}\widetilde{\boldsymbol{A}}_U^{\mathrm{H}}(\theta) \tag{6.26}$$

式（6.24）和式（6.25）为二维搜索，同理可利用式（2.16）进行降维。

### 6.3.3 降维实值处理算法

上述实值处理算法虽然一定程度降低了计算量，但其计算量仅比基本算法大致低一个数量级，为进一步降低算法计算量，这里进行降维处理[128]。

将导向矢量 $\boldsymbol{A}_t(\theta)$ 做如下变形：

$$\begin{aligned}\widetilde{\boldsymbol{A}}(\theta)&=[\boldsymbol{a}_t^*(\theta_d)\otimes\boldsymbol{a}_t(\theta_d)\ \ \boldsymbol{a}_t^*(\theta_d)\otimes\boldsymbol{a}_t(\theta_s)\ \ \boldsymbol{a}_t^*(\theta_s)\otimes\boldsymbol{a}_t(\theta_d)\ \ \boldsymbol{a}_t^*(\theta_s)\otimes\boldsymbol{a}_t(\theta_s)]\\&=[\boldsymbol{a}_t(\theta_d)\ \ \boldsymbol{a}_t(\theta_s)]^*\otimes[\boldsymbol{a}_t(\theta_d)\ \ \boldsymbol{a}_t(\theta_s)]\end{aligned} \tag{6.27}$$

$$=\boldsymbol{a}_t(\theta)^*\otimes\boldsymbol{a}_t(\theta)$$

式中：$\boldsymbol{a}_t(\theta)=[\boldsymbol{a}_t(\theta_d)\ \ \boldsymbol{a}_t(\theta_s)]$。

$\widetilde{\boldsymbol{A}}(\theta)$又可表示如下：

$$\widetilde{\boldsymbol{A}}(\theta)=\boldsymbol{a}_t^*(\theta)\otimes\boldsymbol{a}_t(\theta)=\boldsymbol{D}_t\boldsymbol{d}(\theta) \tag{6.28}$$

式中：$\boldsymbol{d}(\theta)$表示 $P_{\mathrm{RD}}\times4$ 维的虚拟线阵导向矢量，其中 $P_{\mathrm{RD}}=2P_t-1$，矩阵 $\boldsymbol{D}_t$ 为

$$\boldsymbol{D}_t=\left[\begin{array}{ccccccc|l}
1 & 0 & \cdots & 0 & 0 & \cdots & 0 & \\
0 & 1 & \cdots & 0 & 0 & \cdots & 0 & \\
\vdots & \vdots & \ddots & \vdots & \vdots & \ddots & \vdots & \}P_t \\
0 & 0 & 0 & 1 & 0 & \cdots & 0 & \\
0 & 1 & 0 & \cdots & 0 & \cdots & 0 & \\
0 & 0 & 1 & \cdots & 0 & \cdots & 0 & \\
\vdots & \vdots & \vdots & \ddots & \vdots & \ddots & \vdots & \}P_t \\
0 & 0 & \cdots & 0 & 1 & \cdots & 0 & \\
\vdots & \vdots & \vdots & \vdots & \vdots & \vdots & \vdots & \\
0 & 0 & \cdots & 1 & 0 & \cdots & 0 & \\
0 & 0 & \cdots & 0 & 1 & \cdots & 0 & \\
\vdots & \vdots & \ddots & \vdots & \vdots & \ddots & \vdots & \}P_t \\
0 & 0 & \cdots & 0 & 0 & \cdots & 1 &
\end{array}\right]_{P_t^2\times P_{\mathrm{RD}}} \tag{6.29}$$

将式（6.28）代入式（6.15）得

$$\boldsymbol{Y}_t=P_r\beta(\tau)\boldsymbol{D}_t\boldsymbol{d}(\theta)\boldsymbol{\omega}+\boldsymbol{W}_t \tag{6.30}$$

从式（6.30）不难发现，$\boldsymbol{Y}_t$ 是由导向矢量 $\boldsymbol{d}(\theta)$张成的高维空间，可通过降维矩阵进行降维。设矩阵 $\boldsymbol{Q}$ 为 $P_{\mathrm{RD}}\times P_t^2$ 维的降维变换矩阵，则式（6.30）经降维处理后的表达式为

$$\boldsymbol{Y}_{\mathrm{RD}}=P_r\beta(\tau)\boldsymbol{Q}\boldsymbol{D}_t\boldsymbol{d}(\theta)\boldsymbol{\omega}+\boldsymbol{W}_{\mathrm{RD}} \tag{6.31}$$

式中：$\boldsymbol{W}_{\mathrm{RD}}=\boldsymbol{Q}\boldsymbol{W}_t$，降维后的噪声矢量需为高斯白噪声，因此降维矩阵需满足下式：

$$\boldsymbol{Q}\boldsymbol{Q}^{\mathrm{H}}=\boldsymbol{I}_{P_{\mathrm{RD}}}$$

则降维矩阵为

$$\boldsymbol{Q}=(\boldsymbol{D}_t^{\mathrm{H}}\boldsymbol{D}_t)^{-1/2}\boldsymbol{D}_t^{\mathrm{H}} \tag{6.32}$$

将式（6.32）代入式（6.31）可得降维后的协方差矩阵为

$$\begin{aligned}\boldsymbol{Y}_{\mathrm{RD}}&=P_r\beta(\tau)(\boldsymbol{D}_t^{\mathrm{H}}\boldsymbol{D}_t)^{-1/2}\boldsymbol{D}_t^{\mathrm{H}}\boldsymbol{D}_t\boldsymbol{d}(\theta)\boldsymbol{\omega}+\boldsymbol{W}_{\mathrm{RD}}\\&=P_r\beta(\tau)(\boldsymbol{D}_t^{\mathrm{H}}\boldsymbol{D}_t)^{1/2}\boldsymbol{d}(\theta)\boldsymbol{\omega}+\boldsymbol{W}_{\mathrm{RD}}\end{aligned} \tag{6.33}$$

根据式（6.33），定义 $\boldsymbol{T}=\boldsymbol{D}_t^{\mathrm{H}}\boldsymbol{D}_t$，$\boldsymbol{T}=\mathrm{diag}(1,2,\cdots,P,\cdots,2,1)$表示 $P_{\mathrm{RD}}\times P_{\mathrm{RD}}$ 维矩阵，这里 diag(·)表示对角矩阵，则降维后回波数据协方差矩阵为

$$\begin{aligned}\boldsymbol{R}_{\mathrm{RD}}&=E[\boldsymbol{Y}_{\mathrm{RD}}\boldsymbol{Y}_{\mathrm{RD}}^{\mathrm{H}}]\\&=P_r^2\beta^2(\tau)\boldsymbol{Td}(\theta)\boldsymbol{\omega\omega}^{\mathrm{H}}\boldsymbol{d}^{\mathrm{H}}(\theta)\boldsymbol{T}^{\mathrm{H}}+\sigma_n^2\boldsymbol{I}_{P_{\mathrm{RD}}}\end{aligned} \tag{6.34}$$

由式（6.34）发现回波数据协方差矩阵经过降维处理后变为 $P_{\mathrm{RD}}\times 4$ 维矩阵，维度急剧变小，计算量迅速降低。

同理，降维后的回波数据协方差矩阵可按最大似然估计准则从下式得到

$$\hat{\boldsymbol{R}}_{\mathrm{RD}}=\frac{1}{L}\boldsymbol{QY}_t\boldsymbol{Y}_t^{\mathrm{H}}\boldsymbol{Q}^{\mathrm{H}} \tag{6.35}$$

不难发现，式（6.35）为复数矩阵，可利用实值处理进一步降低算法运算量。将经过降维实值处理的 GMUSIC 算法和 ML 算法分别简称为 RD-UGMUSIC 算法和 RD-UML 算法。此时，RD-UGMUSIC 算法空间谱搜索函数为

$$f_{\text{RD-UGMUSIC}}^{\text{TR-MIMO}}(\theta)=\frac{\det[\widetilde{\boldsymbol{A}}_{\mathrm{URD}}^{\mathrm{H}}(\theta)\widetilde{\boldsymbol{A}}_{\mathrm{URD}}(\theta)]}{\det[\widetilde{\boldsymbol{A}}_{\mathrm{URD}}^{\mathrm{H}}(\theta)\boldsymbol{U}_{\mathrm{RDn}}^{\mathrm{H}}\boldsymbol{U}_{\mathrm{RDn}}\widetilde{\boldsymbol{A}}_{\mathrm{URD}}(\theta)]} \tag{6.36}$$

式中：$\widetilde{\boldsymbol{A}}_{\mathrm{URD}}(\theta)$为降维实值导向矢量；$\boldsymbol{U}_{\mathrm{RDn}}$为降维实值噪声子空间，它是通过降维实值处理后的回波数据协方差矩阵$\hat{\boldsymbol{R}}_{\mathrm{URD}}$特征分解得到。$\widetilde{\boldsymbol{A}}_{\mathrm{URD}}(\theta)$和$\hat{\boldsymbol{R}}_{\mathrm{URD}}$的计算表达式为

$$\widetilde{\boldsymbol{A}}_{\mathrm{URD}}(\theta)=\boldsymbol{UQ}\widetilde{\boldsymbol{A}}(\theta) \tag{6.37}$$

$$\hat{\boldsymbol{R}}_{\mathrm{URD}}=\frac{1}{2}\boldsymbol{U}^{\mathrm{H}}(\hat{\boldsymbol{R}}_{\mathrm{RD}}+\boldsymbol{\Pi}^{\mathrm{H}}\hat{\boldsymbol{R}}_{\mathrm{RD}}^{*}\boldsymbol{\Pi})\boldsymbol{U} \tag{6.38}$$

同理，则 RD-UML 算法谱峰搜索函数为

$$f_{\text{RD-UML}}^{\text{TR-MIMO}}(\theta)=\frac{1}{\det[\mathrm{trace}(\boldsymbol{I}_{P_{\mathrm{RD}}}-\widetilde{\boldsymbol{P}}_{\mathrm{URD}}(\theta))\hat{\boldsymbol{R}}_{\mathrm{URD}}]} \tag{6.39}$$

RD-UML 算法空间投影矩阵为

$$\widetilde{\boldsymbol{P}}_{\mathrm{URD}}(\theta)=\widetilde{\boldsymbol{A}}_{\mathrm{URD}}(\theta)(\widetilde{\boldsymbol{A}}_{\mathrm{URD}}^{\mathrm{H}}(\theta)\widetilde{\boldsymbol{A}}_{\mathrm{URD}}(\theta))^{-1}\widetilde{\boldsymbol{A}}_{\mathrm{URD}}^{\mathrm{H}}(\theta) \tag{6.40}$$

式（6.39）和式（6.40）为二维搜索，可利用式（2.16）降为一维搜索。

本书所提各种算法不限阵列结构，不仅适用于稀疏阵列，同样适用于 ULA。

## 6.4　方法步骤及算法性能分析

### 6.4.1　方法步骤

综上所述，总结基于稀疏阵列的单基地米波 TR-MIMO 雷达低空目标仰角估

计方法步骤如下。

步骤 1：对接收信号矩阵 $z_t(t,\tau)$ 匹配滤波得到矩阵 $\boldsymbol{Z}_t$，并按设定好的快拍数采样。

步骤 2：将矩阵 $\boldsymbol{Z}_t$ 矢量化得到 $\boldsymbol{Y}_t$，即 $\boldsymbol{Y}_t=\mathrm{vec}(\boldsymbol{Z}_t)$。

步骤 3：根据发射阵元位置按照式（6.3）和式（6.4）计算单基地米波稀疏阵列 TR-MIMO 雷达发射直达波和反射波导向矢量 $\boldsymbol{a}_t(\theta_d)$ 和 $\boldsymbol{a}_t(\theta_s)$。

步骤 4：利用式（6.16）计算复合导向矢量 $\widetilde{\boldsymbol{A}}(\theta)$，实值处理时利用式（6.23）计算实值复合导向矢量 $\widetilde{\boldsymbol{A}}_U(\theta)$，降维实值处理时利用式（6.37）计算降维实值复合导向矢量 $\widetilde{\boldsymbol{A}}_{\mathrm{URD}}(\theta)$。

步骤 5：按照式（6.18）计算协方差矩阵 $\hat{\boldsymbol{R}}$ 并进行特征值分解获得噪声子空间 $\boldsymbol{E}_n$；实值处理时利用式（6.22）计算实值协方差矩阵 $\hat{\boldsymbol{R}}_U$，并对其进行特征值分解获得噪声子空间 $\boldsymbol{U}_n$；降维实值处理时利用式（6.38）计算降维实值协方差矩阵 $\hat{\boldsymbol{R}}_{\mathrm{URD}}$，并对其进行特征值分解获得噪声子空间 $\boldsymbol{U}_{\mathrm{RD}n}$。

步骤 6：利用式（2.16）对导向矢量 $\widetilde{\boldsymbol{A}}(\theta)$、$\widetilde{\boldsymbol{A}}_U(\theta)$ 和 $\widetilde{\boldsymbol{A}}_{\mathrm{URD}}(\theta)$ 进行降维，利用式（6.19）、式（6.21）进行基本算法谱峰搜索，实值处理时利用式（6.24）、式（6.25）进行谱峰搜索，降维实值处理时利用式（6.36）、式（6.39）进行谱峰搜索，获得目标低仰角估计值 $\hat{\theta}_d$。

## 6.4.2 算法性能分析

### 1. 参数估计性能

式（6.11）为米波 TR-MIMO 雷达多径反射条件下回波信号经过匹配滤波后的信号模型。通过式（6.11）可以看出，相比于传统 MIMO 雷达，TR-MIMO 雷达信号幅值具有 $P_r$ 倍增益，信号能量具有 $P_r^2$ 倍的增益，大大提高了信噪比。TR-MIMO 雷达发射阵列主要用来扩展虚拟孔径，接收阵列用来提高信号增益。当 $P_t \geqslant P_r$ 时，米波 TR-MIMO 雷达具有更高的低空目标 DOA 估计精度和角度分辨率。综上所述，为了提高 TR-MIMO 雷达参数估计性能，发射阵列可利用稀疏阵列扩展阵列有效孔径，对接收阵列结构则无特殊要求，只要能够有效增加接收阵元数即可。

### 2. 计算复杂度

本书所提算法的复杂度主要包括以下三个部分：①协方差矩阵构造；②协方差矩阵特征分解；③谱峰搜索。实值处理算法要加上实值处理算法复杂度，降维实值处理算法要加上降维实值处理算法复杂度。相比于基本算法，实值处理算法需额外计算实值复合导向矢量 $\widetilde{\boldsymbol{A}}_U(\theta)$ 和实值协方差矩阵 $\hat{\boldsymbol{R}}_U$，而降维实值处理算法需额外计算降维实值复合导向矢量 $\widetilde{\boldsymbol{A}}_{\mathrm{URD}}(\theta)$ 和降维实值协方差矩阵 $\hat{\boldsymbol{R}}_{\mathrm{URD}}$，由于交换矩阵 $\boldsymbol{\Pi}$、酉变换矩阵 $\boldsymbol{U}$ 和降维变换矩阵 $\boldsymbol{Q}$ 均是稀疏的，所以增加的计算复杂度很小，在此忽略。另外在此忽略加法，仅考虑乘法。此外，一次复数乘法相当于四次实数乘法。则各种算法复杂度计算公式如下：

$$C_{\mathrm{GMUSIC}}=4P_t^4L+4P_t^6+4\Theta(8P_t^2+2P_t^4) \tag{6.41}$$

$$C_{\mathrm{ML}}=4P_t^4(L+P_t^2)+4\Theta(8P_t^2+2P_t^4+P_t^6) \tag{6.42}$$

$$C_{\mathrm{UGMUSIC}}=P_t^4L+P_t^6+\Theta(8P_t^2+2P_t^4) \tag{6.43}$$

$$C_{\mathrm{UML}}=P_t^4(L+P_t^2)+\Theta(8P_t^2+2P_t^4+P_t^6) \tag{6.44}$$

$$C_{\mathrm{RD-UGMUSIC}}=P_{\mathrm{RD}}^2L+P_{\mathrm{RD}}^3+\Theta(8P_{\mathrm{RD}}+2P_{\mathrm{RD}}^2) \tag{6.45}$$

$$C_{\mathrm{RD-UML}}=P_{\mathrm{RD}}^2(L+P_{\mathrm{RD}}^2)+\Theta(8P_{\mathrm{RD}}+2P_{\mathrm{RD}}^2+P_{\mathrm{RD}}^3) \tag{6.46}$$

式中：$\Theta$ 为谱峰搜索次数。

图 6.2 为本书所提算法计算复杂度随发射阵元数目 $P_t$ 变化图，快拍数 $L=30$，目标个数为 1，谱峰搜索次数 $\Theta=1000$。从图 6.2 中可以看出，GMUSIC 算法较 ML 算法计算复杂度更低，随着阵元数目的增多，实值处理算法计算复杂度具有一定优势，而降维实值处理算法计算复杂度最低。显然，通过实值和降维处理可以极大地降低计算复杂度，实值处理节约大约 75%的计算时间，大致能够降低一个数量级的运算复杂度，而降维实值处理大致能够降低至少两个数量级的运算复杂度，且随着阵元数目的增加效果越来越好。

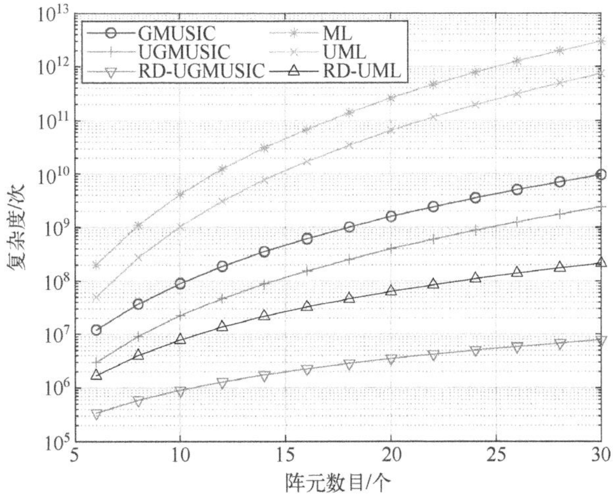


图 6.2　算法计算复杂度随发射阵元数目变化图

## 6.5 仿真分析

根据仿真实验结论可知两点：一是 GMUSIC 算法与 ML 算法性能相近，但 GMUSIC 算法计算复杂度较低；二是当稀疏阵列阵元数相等时，SCA、ECA 与二阶 NA 物理孔径大小相近，参数估计性能相近，而 UCA 物理孔径远远大于上述三种阵列，参数估计性能最优。因此根据阵列结构和算法性能相似程度，本节以二阶 NA 和 ULA 米波 TR-MIMO 雷达为对象，采用本章所提适用于任何阵列结构的 RD-UGMUSIC、UGMUSIC 和 GMUSIC 算法和文献［112］所提仅适用于 ULA-TR-MIMO 雷达的行列复用 FBSSMUSIC 算法进行仿真对比，重点分析目标仰角、信噪比、快拍数、幅相误差等因素对各阵列各算法仰角估计性能的影响，得到一般性的结论。

各仿真实验基础条件一致：假设两个收发异址的单基地米波 TR-MIMO 雷达天线垂直放置且成一维线性排布。发射天线 1 为 ULA，发射天线 2 为二阶 NA，接收天线 1 和接收天线 2 阵列结构不做要求，这里采用与发射天线相同阵列结构，各阵列收发阵元数均为 10。ULA 物理阵元位置为$\{0,d,2d,3d,4d,5d,6d,7d,8d,9d\}$，其中，$d=\lambda/2$，二阶 NA 的物理阵元位置为$\{0,d,2d,3d,4d,5d,11d,17d,23d,29d\}$；雷达工作频率$f_0=300\text{MHz}$，底端收发天线高度 $h_a=5\text{m}$，地面反射系数$\rho=-0.9$，添加噪声为高斯白噪声。本书采取蒙特卡罗重复实验对比不同阵列不同算法的测角精度，实验次数为 100 次，角度 RMSE 公式参考式（2.49）。

**仿真 1**　低空单目标空间谱对比实验

此组实验条件为空间目标数量为 1，目标直达波入射角 $\theta_d=2°$，信噪比 SNR=0dB，快拍数 $L=20$，目标距离为 200km。角度搜索范围为 0°~10°，搜索间隔为 0.1°。图 6.3 为各阵列各算法对低空单目标的谱峰搜索图，峰值处即为目标仰角估计值。

由图 6.3 可以发现：

① 各阵列 TR-MIMO 雷达使用各算法均能准确估计目标低仰角。

② 对于同种算法，稀疏阵列 TR-MIMO 雷达空间谱谱峰比 ULA-TR-MIMO 雷达更尖锐，仰角估计性能更佳，主要原因是其具有更大的有效孔径。

③ 在 ULA-TR-MIMO 雷达下对比四种算法，本书所提 GMUSIC 算法和 UGMUSIC 算法空间谱谱峰最尖锐，性能最好，行列复用 FBSSMUSIC 算法次之，RD-UGMUSIC 算法性能最差。主要有两点原因：一是行列复用 FBSSMUSIC 算法性能较无需解相干的 GMUSIC 算法差；二是降维处理实际是对回波信号协方差矩阵内部数据的采样，丢失矩阵内部大量信息，等效缩小了 MIMO 雷达虚拟孔径。

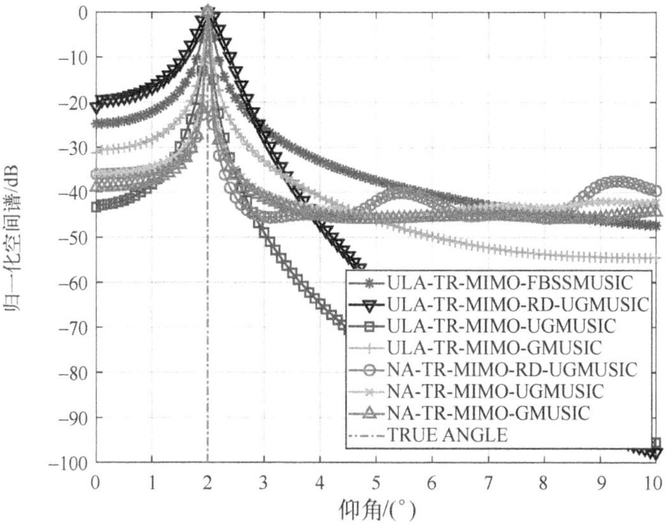


图 6.3 低空目标仰角空间谱图

**仿真 2** 角度分辨力对比实验

此组实验条件为空间目标数量为 2，目标 1 直达波入射角 $\theta_{d1}=4°$，目标 2 直达波入射角 $\theta_{d2}=6°$，两目标距离均为 200km，SNR 分别取 0dB 和−25dB，快拍数 $L=20$。角度搜索范围为 0°～10°，搜索间隔为 0.1°。图 6.4 为各阵列各算法对低空多目标的谱峰搜索图，峰值处即为目标仰角估计值。

由图 6.4 可以发现：

① 当 $SNR=0$dB 时，各阵列 TR-MIMO 雷达使用本书所提三种算法均能成功分辨两个目标的仰角，而行列复用 FBSSMUSIC 算法空间谱图只有一个谱峰，已无法有效分辨两个目标的仰角，本书所提算法较行列复用 FBSSMUSIC 算法角度分辨力高。主要原因是行列复用 FBSSMUSIC 算法性能较无需解相干的 GMUSIC 算法差。

② 当 $SNR=-25$dB 时，稀疏阵列 TR-MIMO 雷达均能成功分辨两个目标的仰角，而 ULA-TR-MIMO 雷达空间谱图只有一个谱峰，已无法有效分辨两个目标的仰角，稀疏阵列 TR-MIMO 雷达较 ULA-TR-MIMO 雷达角度分辨力高。主要原因是稀疏阵列具有更大的物理孔径。

**仿真 3** 超低空目标空间谱对比实验

此组实验条件为空间目标数量为 1，信噪比 SNR=0dB，快拍数 $L=20$，目标距离为 200km，直达波入射角 $\theta_d$ 分别为 0.5°和 1°。角度搜索范围为−10°～10°，搜索间隔为 0.1°。图 6.5 为各阵列各算法对超低空目标的谱峰搜索图，峰值处即为目标直达波和反射波入射角的估计值。

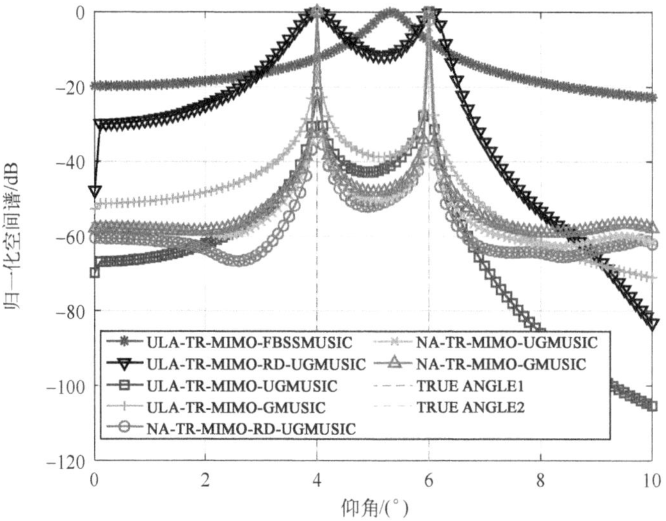


(a)

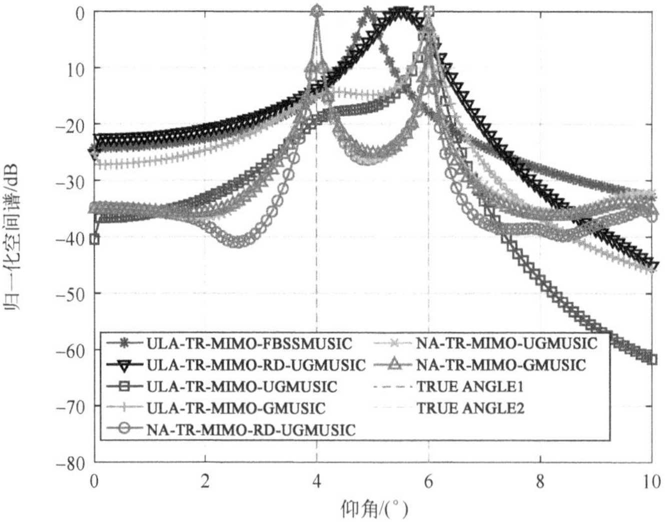


(b)

图 6.4　低空多目标仰角空间谱图

(a) SNR=0dB；(b) SNR=-25dB。

由图 6.5 可以发现：

① 稀疏阵列 TR-MIMO 雷达均能准确估计超低空目标仰角，即能有效分辨超低空真实目标和镜像目标的来波角度，而 ULA-TR-MIMO 雷达仅在目标仰角为 1°时能够估计目标仰角，当目标仰角为 0.5°时已无法有效分辨目标直达

波和反射波，不能准确估计出超低空目标仰角，且稀疏阵列 TR-MIMO 雷达超低空目标空间谱谱峰更尖锐，仰角估计性能更佳。主要原因是当阵元数目相同时，稀疏阵列较 ULA 具有更大的物理孔径，叠加 MIMO 雷达虚拟孔径扩展，稀疏阵列 TR-MIMO 雷达较 ULA-TR-MIMO 有效孔径扩展更大，极大地提升了角度分辨力。

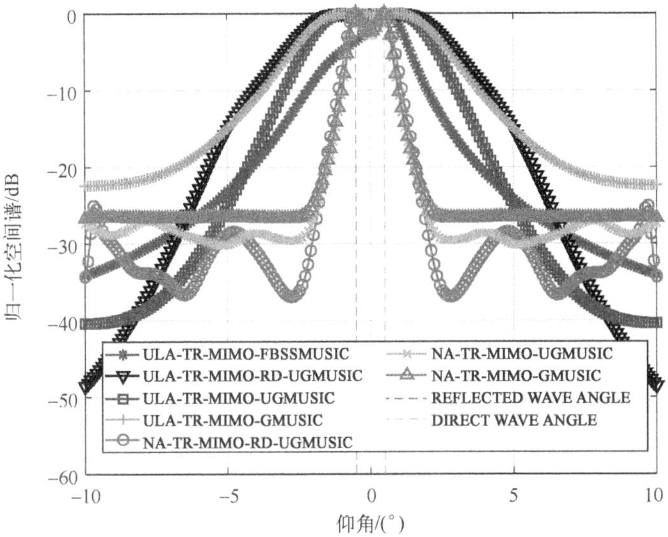

(a)

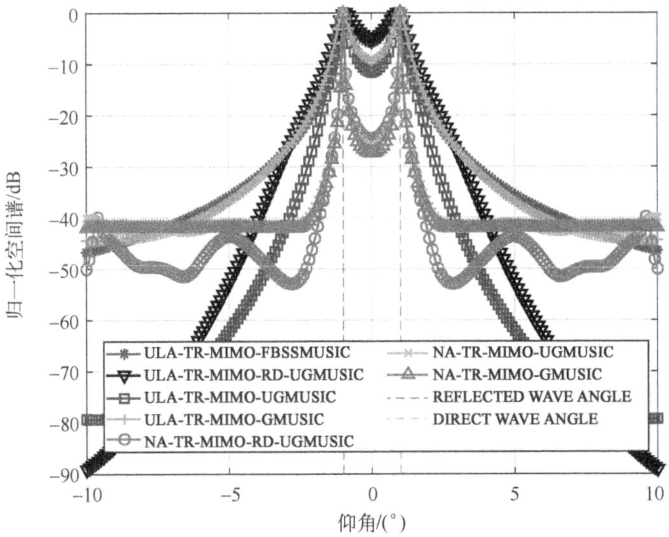

(b)

图 6.5　超低空目标仰角估计空间谱图

(a) 目标入射角 0.5°；(b) 目标入射角 1°。

② 当目标入射角为 1°时，在 ULA-TR-MIMO 雷达下对比四种算法，本书所提 GMUSIC 算法和 UGMUSIC 算法较行列复用 FBSSMUSIC 算法超低空目标仰角空间谱谱峰更尖锐，性能更好，RD-UGMUSIC 算法性能最差。这得益于本书所提算法性能的优异性，而 RD-UGMUSIC 算法性能最差是因为降维处理使数据信息丢失，这符合信息论的基本原理。

**仿真 4** 超低空目标分辨成功概率对比实验

此组实验条件为空间目标数量为 1，信噪比 SNR=0dB，快拍数 $L=20$，目标距离为 200km。仰角取值范围为 0.3°~3°，变化间隔为 0.3°。角度搜索范围为 0°~10°，搜索间隔为 0.001°。真实目标与镜像目标分辨成功条件同 2.4 节仿真实验 3，图 6.6 为各阵列各算法直达波与反射波分辨成功概率随仰角变化关系图。

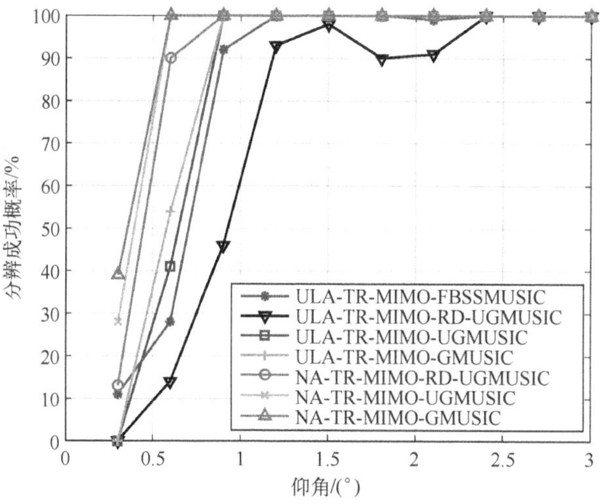


图 6.6 仰角对分辨成功概率的影响

由图 6.6 可以发现：

① 各阵列各算法的直达波与反射波分辨成功概率与目标仰角呈正相关的关系，在仰角大于某一范围之后，分辨成功概率可以达到 100%，但受到多径效应影响，个别角度分辨成功概率会略有下降。

② 稀疏阵列 TR-MIMO 雷达超低空目标分辨成功概率比 ULA-TR-MIMO 雷达更高，且分辨成功概率没有起伏。优异的性能得益于稀疏阵列更大的物理孔径和阵元间距的非均匀性。

③ 在 ULA-TR-MIMO 雷达下对比四种算法，各算法超低空目标分辨成功概率如下：GMUSIC 算法 > UGMUSIC 算法 > 行列复用 FBSSMUSIC 算法 > RD -

UGMUSIC 算法。本书所提 GMUSIC 和 UGMUSIC 算法较行列复用 FBSSMUSIC 算法超低空目标分辨成功概率高是因为无需解相干的 GMUSIC 算法较行列复用 FB-SSMUSIC 算法性能优异，而 RD-UGMUSIC 算法分辨成功概率最低的原因是降维处理致使信号协方差矩阵内部大量信息丢失，等效缩小了 MIMO 雷达虚拟孔径。

**仿真 5**　仰角影响测角性能实验

此组实验条件同实验 4，仰角变化范围为 1°~8°，变化间隔为 0.5°。角度搜索范围为 0°~10°，搜索间隔为 0.001°。图 6.7 为各阵列各算法仰角估计 RMSE 随仰角变化关系图。

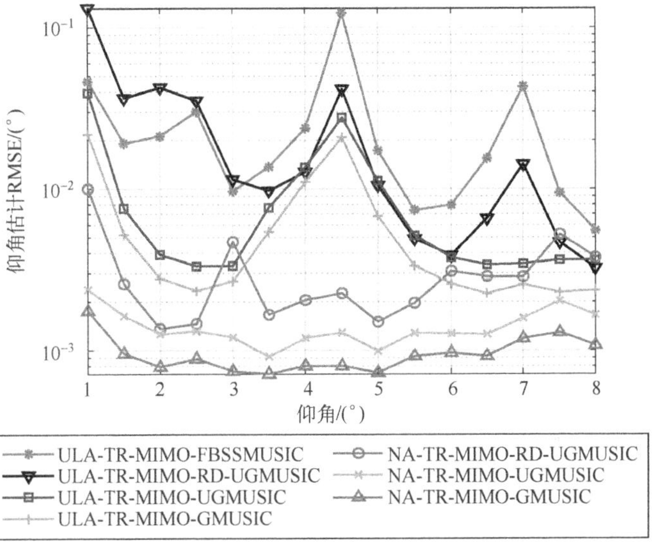


图 6.7　仰角对角度估计性能的影响

由图 6.7 可以发现：

① 测角误差与仰角大致呈负相关的关系，但随仰角变化在区间内会有一定的起伏，原因是多径衰减系数相位随仰角变化呈周期性变化，直达波和反射波会因相位的变化而抵消或增强，即目标回波能量大小会随仰角变化呈现周期性变化，进而影响测角精度。直达波与反射波的角度间隔随着仰角变大而逐渐变大，衰减系数相位对测角精度的影响逐渐变小，总体呈上升趋势。

② 在同等仰角条件下，使用同种算法的稀疏阵列 TR-MIMO 雷达仰角 RMSE 及其起伏度较 ULA-TR-MIMO 雷达低，测角性能更好。主要有两点原因：一是稀疏阵列物理孔径较 ULA 大，叠加 MIMO 体制雷达虚拟孔径扩展能力后有效孔径更大；二是仰角 RMSE 会产生突变的原因是当直达波和反射波由于相位相反时会相互抵消，此时回波信号能量会急剧下降，信噪比降低导致仰角 RMSE 骤然变

大，而稀疏阵列阵元间距具有非均匀性，直达波与反射波波程差引起的相位差会因阵元间距的非均匀性而不同，则不能同时在所有阵元中相互抵消，这样稀疏阵列接收信号协方差矩阵内仍然携带波达角信息，不会随着仰角的变化丢失信息。

③ 在 ULA-TR-MIMO 雷达下对比四种算法，在同等仰角条件下，本书所提 GMUSIC 算法仰角 RMSE 及其起伏度最小，性能最好，UGMUSIC 算法次之，而行列复用 FBSSMUSIC 与 RD-UGMUSIC 算法最差，且两者随着仰角变化估计精度互有高低。主要原因是因为实值和降维处理算法是在丢失数据信息的基础上完成了计算量的下降，则测角精度下降有其必然性。

**仿真 6**　信噪比影响测角精度实验

此组实验条件为空间目标数量为 1，直达波入射角 $\theta_d=2.5°$，快拍数 $L=20$，目标距离为 200km。SNR 取值范围为-20~0dB，变化间隔为 2dB。角度搜索范围为 0°~10°，搜索间隔为 0.001°。图 6.8 为各阵列各算法仰角估计 RMSE 随 SNR 变化关系图。

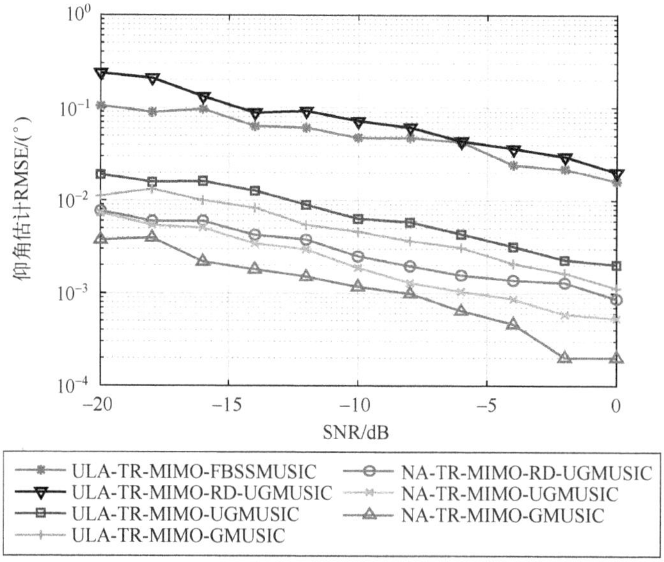


图 6.8　信噪比对俯仰角测角精度的影响

由图 6.8 可以发现：

① 各阵列各算法的角度估计精度与信噪比呈正相关的关系，且在信噪比大于某一范围之后，仰角估计精度的提升趋于平缓。

② 在同等信噪比条件下，稀疏阵列 TR-MIMO 雷达低空目标仰角估计精度比 ULA-TR-MIMO 雷达更高。主要原因是其具有更大的有效孔径。

③ 对于 ULA-TR-MIMO 雷达，在同等信噪比条件下，对比四种算法，本书所提 GMUSIC 算法仰角估计精度最高，性能最好，UGMUSIC 算法次之，而行列复用 FBSSMUSIC 和 RD-UGMUSIC 算法测高精度最差。主要原因是实值和降维处理算法丢失了部分数据信息从而导致仰角估计精度下降。

**仿真 7**　快拍数影响测角精度实验

此组实验条件为空间目标数量为 1，直达波入射角为 $\theta_d = 2.5°$，信噪比 SNR=0dB，目标距离为 200km。快拍数 $L$ 的取值范围为 2~20 次，变化间隔为 2 次。角度搜索范围为 0°~10°，搜索间隔为 0.001°。图 6.9 为各阵列各算法仰角估计 RMSE 随快拍数变化关系图。

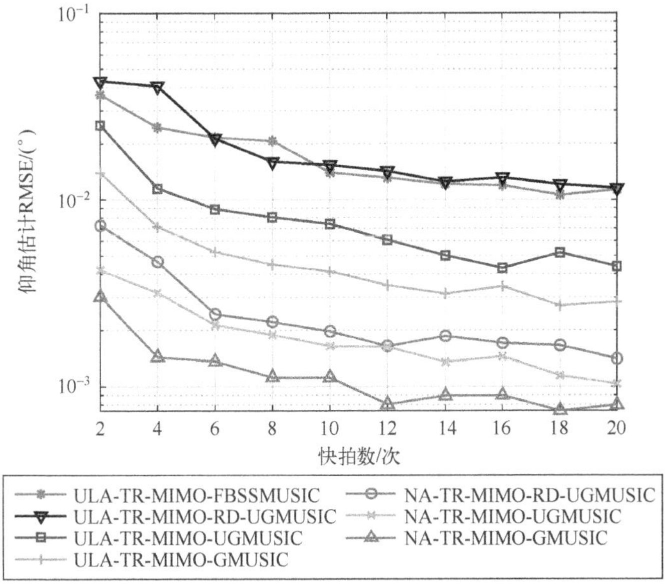


图 6.9　快拍数对俯仰角测角精度的影响

由图 6.9 可以发现：

① 各阵列各算法的角度估计精度与快拍数呈正相关的关系，且在快拍数大于某一范围之后，仰角估计精度的提升趋于平缓。

② 在同等快拍数条件下，稀疏阵列 TR-MIMO 雷达低空目标测角精度比 ULA-TR-MIMO 雷达更高。主要原因是其具有更大的有效孔径。

③ 对于 ULA-TR-MIMO 雷达，在同等快拍数条件下，对比四种算法，本书所提 GMUSIC 算法仰角估计精度最高，性能最好，UGMUSIC 算法次之，而行列复用 FBSSMUSIC 和 RD-UGMUSIC 算法测高精度最差。主要原因是实值和降维处理算法丢失了部分数据信息从而导致角度估计精度下降。

**仿真 8** 幅相误差影响测角精度实验

此组实验条件为空间目标数量为 1，直达波入射角为 $\theta_d = 2.5°$，信噪比 SNR = 0dB，快拍数 $L = 20$，目标距离为 200km。幅度误差和相位误差均服从均匀分布，幅度误差变化范围为 0%～20%，变化间隔为 2%，相位误差变化范围为 0°～45°，变化间隔为 5°，角度搜索范围为 0°～10°，搜索间隔为 0.001°。图 6.10

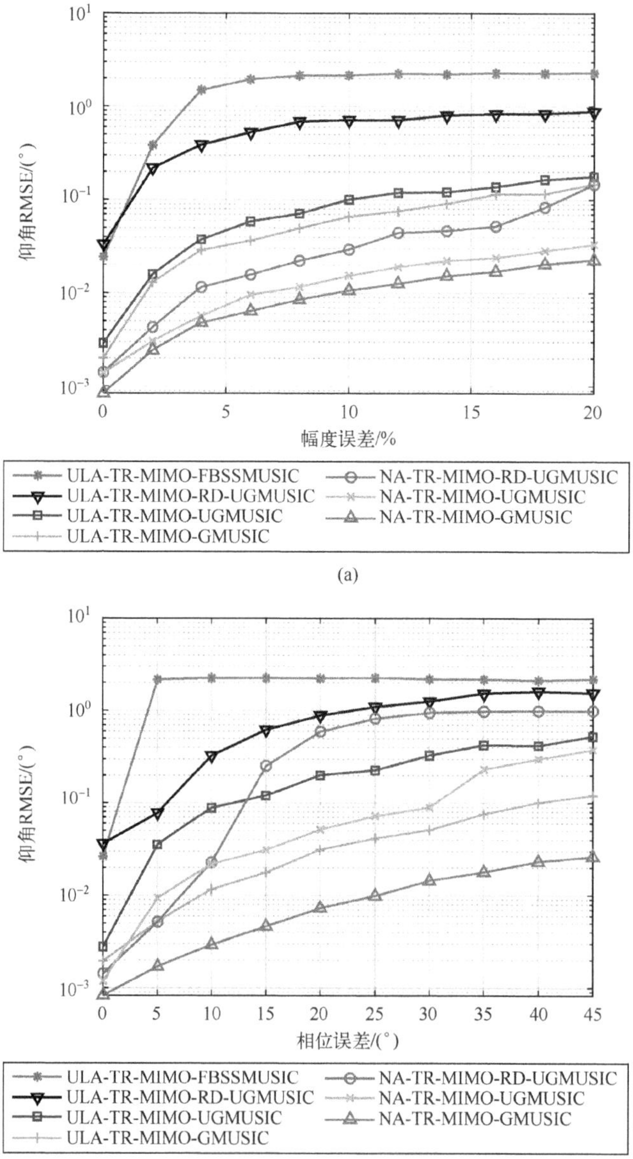


(a)

(b)

图 6.10 幅相误差对俯仰角测角精度的影响

(a) 幅度误差对俯仰角测角精度的影响；(b) 相位误差对俯仰角测角精度的影响。

为各阵列各算法目标仰角 RMSE 与幅相误差关系图。

由图 6.10 可以发现：

① 随着幅相误差的增大，各阵列各算法测测角精度均随之下降。

② 总体上看，对于同种算法，在同等幅相误差条件下，稀疏阵列 TR-MIMO 雷达低空目标仰角估计精度比 ULA-TR-MIMO 雷达更高。主要原因是其具有更大的有效孔径。

③ 对于 ULA-TR-MIMO 雷达，在同等幅相误差条件下，对比四种算法，本书所提 GMUSIC 算法仰角估计精度最高，性能最好，UGMUSIC 算法次之，而行列复用 FBSSMUSIC 和 RD-UGMUSIC 算法测高精度最差。主要原因是实值和降维处理算法丢失了部分数据信息从而导致角度估计精度下降。

## 6.6 小　　结

本章构建了米波稀疏阵列 TR-MIMO 雷达镜面多径反射信号模型，并结合 GMUSIC 和 ML 算法提出了适用于该信号模型的低空目标仰角估计方法。该方法利用稀疏阵列独特的阵列结构优势，在提高低空目标仰角估计精度和角度分辨力的同时降低了角度估计误差的起伏度。仿真结果验证了米波稀疏阵列 TR-MIMO 雷达在多径反射条件下具有更高的测角精度和角度分辨力以及更低的角度估计误差起伏度，尤其是针对超低空目标优势更加明显，且在低快拍、低信噪比时效果更佳。同等条件下对比四种算法，本章所提 GMUSIC 和 UGMUSIC 算法测角性能较行列复用 FBSSMUSIC 算法好，而 RD-UGMUSIC 算法性能与其相近，互有优缺点。本章所提三种算法随着算法复杂度的降低测角性能逐步降低，在实际应用过程中可根据实际情况选取算法和阵列结构。总体上看，实值处理算法综合性能较好，在降低算法计算量的同时仰角估计性能仅略有下降，降维实值处理算法和稀疏阵列 TR-MIMO 雷达相结合可在保持一定测角精度的情况下极大地降低算法计算量。

# 第 7 章　总结与展望

## 7.1　工作总结

现代高技术战争中 ARM 和隐身飞行器的大量使用极大地限制了雷达的生存空间，米波雷达因具有抗击隐身目标和 ARM 的天然优势而被广泛应用，然而其俯仰维波束宽的固有缺陷导致在跟踪探测低仰角目标时存在严重的多径效应，直达波与多径反射波的信息混叠造成仰角估计性能急剧下降，进而影响目标检测与定位性能。本书在广大专家学者研究成果基础上结合超分辨算法对米波雷达低仰角估计问题展开研究。本书总结分析了米波常规阵列雷达经典镜面多径反射信号模型及典型低仰角估计算法性能，综合应用稀疏阵列、MIMO 体制雷达、FDA 雷达和 TR 技术构建了基于稀疏阵列的米波常规阵列雷达、米波 MIMO 雷达、米波 FDA-MIMO 雷达和米波 TR-MIMO 雷达镜面多径反射信号模型，并研究提出了适用于上述模型的低仰角估计方法。

本书的主要工作如下。

（1）归纳分析了米波常规阵列雷达镜面多径反射信号模型及几种典型低仰角估计算法。首先系统介绍了米波常规阵列雷达经典镜面多径反射信号模型，然后归纳分析了基于子空间分解的空间平滑等解相干算法和无需解相干的 GMUSIC 系列算法以及基于子空间拟合的 ML 系列算法。最后通过仿真实验在综合分析目标仰角、天线架高、信噪比、快拍数、幅相误差等因素对算法仰角估计性能的影响后得到一般性的结论。

（2）针对米波稀疏阵列雷达使用虚拟阵列法估计低仰角目标时测角误差大的问题，研究了一种适用于米波稀疏阵列雷达基于物理阵列的低仰角估计方法。首先介绍了典型稀疏阵列结构和导向矢量构造方法，然后系统阐述了基于虚拟阵列的低仰角估计方法，在重点分析虚拟阵列法近似模型缺陷的基础上提出了一种基于物理阵列的低仰角估计方法。在低仰角领域，由于稀疏阵列独特的阵列结构，谱峰搜索时不存在假谱峰的问题。且该方法对回波信号协方差矩阵进行实值处理后再利用 GMUSIC 算法或 ML 算法估计目标低仰角，一定程度上降低了算法运算量，且测角精度无明显下降。最后仿真实验验证了米波稀疏阵列雷达物理阵列法在低空目标测向方面的优势。

(3) MIMO雷达因采用波形分集等技术具有更大的虚拟孔径，根据这一特点，为提高仰角估计精度，研究了基于米波MIMO雷达的低仰角估计方法。针对米波ULA-MIMO雷达低仰角估计时存在超低空目标测角精度急剧下降和随着仰角变化测角误差起伏度较大的问题，从阵列结构降低多径效应影响的角度入手，将稀疏阵列应用于单基地米波MIMO雷达低仰角估计场景中，并提出适用于该模型物理阵列的低仰角估计方法。首先建立了单基地米波稀疏阵列MIMO雷达镜面多径反射信号模型，然后在理论分析虚拟阵列方法不可行的基础上结合GMUSIC算法和ML算法提出了基于物理阵列的低仰角估计方法。最后区分收发共址和收发异址两种情况，通过仿真实验验证了基于稀疏阵列的单基地米波MIMO雷达低仰角估计性能的优越性和所提方法的有效性。

(4) 为了使米波MIMO雷达具有同时估计目标仰角和距离的能力，同时克服米波ULA-MIMO雷达性能上的不足，实现高精度的低仰角-距离联合估计，研究了基于稀疏阵列的米波FDA-MIMO雷达的低仰角-距离联合估计方法。首先建立了多径反射条件下米波稀疏阵列FDA-MIMO雷达的低仰角-距离联合估计模型，在此基础上提出适用于该模型的低仰角-距离联合估计方法。仿真实验验证了基于稀疏阵列的单基地米波FDA-MIMO雷达低仰角-距离联合估计性能的优越性和所提方法的有效性。

(5) 为进一步提升米波TR-MIMO雷达对低空超低空目标仰角估计性能，以降低多径效应的影响为目的，从阵列结构和算法改进两个方面出发，将稀疏阵列应用于单基地米波TR-MIMO雷达低仰角估计中，研究了基于稀疏阵列的米波TR-MIMO雷达的低仰角估计方法。首先推导建立了基于稀疏阵列的单基地米波TR-MIMO雷达镜面多径反射信号模型，然后结合GMUSIC算法和ML算法提出适用于该信号模型的仰角估计超分辨算法，在总结算法实施步骤的基础上深入分析了算法性能及计算复杂度，最后通过仿真实验验证了基于稀疏阵列的米波TR-MIMO雷达低空目标仰角估计方法具有更显著的结构优越性和更优的低空目标测向性能。

## 7.2 工作展望

本书在众多专家学者研究成果基础上结合稀疏阵列、MIMO体制雷达、FDA雷达和TR技术研究了米波雷达低仰角估计方法，由于本人能力有限，提出方法有诸多不足，存在以下问题有待深入研究。

(1) 本书所提方法均是基于镜面多径反射信号模型，该模型是在忽略漫反射信号的前提下建立的。当漫反射分量不可忽略时，基于纯镜面反射模型的各种方法估计误差增大甚至失效[129]。因此，需进一步研究适用于镜面反射和漫反射复合模型的低仰角估计方法。

（2）本书未考虑倾斜、起伏等复杂地形条件对米波雷达低仰角估计性能的影响，需进一步研究复杂地形条件下的米波雷达低仰角估计方法。

（3）本书所提方法信号模型主要考虑单目标的情况，简要分析了波束宽度内同时存在多个非相干目标的情况，而多个相干目标的低仰角估计问题是一个急需研究的新课题。

（4）本书仅研究了单基地米波稀疏阵列 MIMO 雷达低仰角估计方法，对于双基地米波稀疏阵列 MIMO 雷达俯仰维波离角（Direction of Departure，DOD）和 DOA 估计方法有待研究。

（5）本书所提方法仅考虑水平极化波的情况，对于米波极化雷达低仰角估计方法有待研究。

# 参考文献


[1] Gage K S, Green J L. Evidence for specular reflection from monostatic VHF radar observations of the stratosphere [J]. Radio Science, 2016, 13 (6): 991-1001.

[2] 王海同. 米波阵列雷达测高技术研究 [D]. 西安: 西安电子科技大学, 2017.

[3] Kuschel H. VHF/UHF radar. Part 1: Characteristics [J]. Electronics & Communications Engineering Journal, 2002, 14 (2): 61-72.

[4] Kuschel H. VHF/UHF radar Part 2: Operational aspects and applications [J]. Electronics & Communications Engineering Journal, 2002, 14 (3): 101-111.

[5] 刘源. 米波阵列雷达低仰角目标测高方法研究 [D]. 西安: 西安电子科技大学, 2019.

[6] 徐阳, 易建新, 程丰, 等. 基于互质阵列的外辐射源雷达低仰角估计 [J]. 雷达科学与技术, 2020, 18 (5): 501-508.

[7] 谭俊. 米波雷达低仰角测角中多径效应影响抑制及关键技术研究 [D]. 成都: 电子科技大学, 2019.

[8] 周成伟. 互质阵列信号处理算法研究 [D]. 杭州: 浙江大学, 2018.

[9] Haimovich A M, Blum R S, Cimini L J. MIMO radar with widely separated antennas [J]. IEEE Signal Processing Magazine, 2007, 25 (1): 116-129.

[10] Zheng W, Zhang X, Shi J. Sparse extension array geometry for DOA estimation with nested MIMO radar [J]. IEEE Access, 2017, 5: 9580-9586.

[11] 许京伟, 朱圣棋, 廖桂生, 等. 频率分集阵雷达技术探讨 [J]. 雷达学报, 2018, 7 (2): 167-182.

[12] 蒋艳英, 欧阳缮, 晋良念, 等. 时间反转在 UWBMIMO 雷达中的应用 [J]. 桂林电子科技大学, 2013, 33 (3): 173-176.

[13] 刘梦波, 胡国平, 周豪, 等. 基于时间反转的 MIMO 雷达多目标 DOA 估计 [J]. 火力与指挥控制, 2018, 43 (2): 21-25.

[14] 汪阳. 基于 MIMO 雷达的多目标角度估计算法研究 [D]. 西安: 西安电子科技大学, 2019.

[15] 曹彰芝. 米波雷达测高方法的阵地适应性研究及工程实现 [D]. 西安: 西安电子科技大学, 2019.

[16] 季娇若. 米波雷达测高方法的研究 [D]. 西安: 西安电子科技大学, 2011.

[17] Stoica P, Sharman K C. Maximum likelihood methods for direction-of-arrival estimation [J]. IEEE Trans. Acoust. Speech Signal Processing, 1990, 38 (7): 1132-1143.

[18] Ziskind I, Wax M. Maximum likelihood localization of multiple sources by alternating projection [J]. IEEE Transactions on Acoustics, Speech, and Signal Processing, 1988, 36 (10): 1553-1560.

[19] Sharman K C, Mcclurkin G D. Genetic algorithms for maximum likelihood parameter estimation [C]// IEEE. International Conference on Acoustics, Speech, and Signal Processing. Glas gow: IEEE Press, 1989, 4: 2716-2719.

[20] Abramovich Y I, Besson O, Johnson B A. Bounds for maximum likelihood regular and non-regular DOA estimation in K-distributed noise [J]. IEEE Transactions on Signal Processing, 2015, 63 (21): 5746-5757.

[21] Viberg M, Ottersten B. Sensor array processing based on subspace fitting [J]. IEEE Trans Signal Process, 1991, 39 (5): 1110-1121.

[22] Schmidt R. Multiple emitter location and signal parameter estimation [J]. IEEE Trans. On Antennas and Propagation, 1986, 34 (3): 276-280.

[23] Roy R, Kailath T. ESPRIT-estimation of signal parameters via rotational invariance techniques [J]. IEEE Trans. on Acoustics, Speech, and Signal Processing, 1989, 37 (7): 984-995.

[24] Zoltowski Michael. Vector space approach to direction finding in a coherent multipath environment [J]. IEEE Trans. on Antennas and Propagation, 1986, AP-34 (9): 1069-1079.

[25] Ferrara E, Parks T. Direction finding with an array of antennas having diverse polarizations [J]. IEEE Transactions on Antennas and Propagation, 1983, 31 (2): 231-236.

[26] Zoltowski M, Haber F. A vector space approach to direction finding in a coherent multipath environment [J]. IEEE Transactions on Antennas and Propagation, 1986, 34 (9): 1069-1079.

[27] Nehorai A, Paldi E. Vector-sensor array processing for electromagnetic source localization [J]. IEEE Transactions on Signal Processing, 1994, 42 (2): 376-398.

[28] Pillai S U, Kwon B H. Forward/backward spatial smoothing techniques for coherent signal identification [J]. IEEE Transactions on Acoustics, Speech, and Signal Processing, 1989, 37 (1): 8-15.

[29] Shan T, Wax M, Kailath T. On spatial smoothing for direction-of-arrival estimation of coherent signals [J]. IEEE Transactions on Acoustics, Speech, and Signal Processing, 1985, 33 (4): 806-811.

[30] Williams R T, Prasad S, Mahalanabis A K, et al. An improved spatial smoothing technique for bearing estimation in a multipath environment [J]. IEEE Transactions on Acoustics, Speech and Signal Processing, 1988, 36 (4): 425-432.

[31] Wang H, Kaveh M. Coherent signal-subspace processing for the detection and estimation of angles of arrival of multiple wide-band sources [J]. IEEE Transactions on Acoustics, Speech, and Signal Processing, 1985, 33 (4): 823-831.

[32] Chen J, Xu D, Liu B. Performance analysis of meter band radar height-finding approach for low-angle tracking [C]// IEEE. International Symposium on Intelligent Signal Processing and

Communications. Yonago: IEEE Press, 2006, 657-660.

[33] 马献德，路彬彬，冯兵．米波阵列测高的空间平滑算法性能优化［J］．现代雷达，2014，36（10）：49-53.

[34] 郑轶松．米波阵列雷达低仰角测高若干问题研究［D］．西安：西安电子科技大学，2017.

[35] Qian C, Huang L, Zeng W, et al. Direction-of-arrival estimation for coherent signals without knowledge of source number［J］. IEEE Sensors Journal, 2014, 14（9）：3267-3273.

[36] Zhang W, Han Y, Jin M, et al. Multiple-Toeplitz matrices reconstruction algorithm for DOA estimation of coherent signals［J］. IEEE Access, 2019, 7：49504-49512.

[37] Zhang W, Han Y, Jin M, et al. An improved ESPRIT-like algorithm for coherent signals DOA estimation［J］. IEEE Communications Letters, 2020, 24（2）：339-343.

[38] Kung S, Lo C, Foka R. A Toeplitz approximation approach to coherent source direction finding［C］// IEEE. International Conference on Acoustics, Speech, and Signal Processing. Tokyo：IEEE Press, 1986：193-196.

[39] 张文俊，赵永波，张守宏．广义 MUSIC 算法在米波雷达测高中的应用及其改进［J］．电子与信息学报，2007，29（2）：387-390.

[40] 刘俊，刘峥，刘韵佛．米波雷达仰角和多径衰减系数联合估计算法［J］．电子与信息学报，2011，33（1）：33-37.

[41] 张文俊，赵永波，张守宏．基于广义 MUSIC 算法的低仰角估计新方法［J］．雷达学报，2013，2（4）：422-429.

[42] 赵永波，张守宏．雷达低角跟踪环境下的最大似然波达方向估计方法［J］．电子学报，2004，32（9）：1520-1523.

[43] 赵光辉，陈伯孝，董玫．基于交替投影的 DOA 估计方法及其在米波雷达中的应用［J］．电子与信息学报，2008，30（1）：224-227.

[44] 胡铁军，杨雪亚，陈伯孝．阵列内插的波束域 ML 米波雷达测高方法［J］．电波科学学报，2009，24（4）．660-666.

[45] 赵永波，霍炯，朱玉堂，等．阵列米波雷达测高方法及性能分析［J］．电子与信息学报．2016，38（12）．3205-3211.

[46] 贾永康，保铮．利用多普勒信息的波达方向最大似然估计方法［J］．电子学报，1997，25（6）：71-76.

[47] Donoho D L. Compressed sensing［J］. IEEE Transactions on Information Theory, 2006, 52（4）：1289-1306.

[48] 焦李成，杨淑媛，刘芳，等．压缩感知回顾与展望［J］．电子学报，2011，39（7）：1651-1662.

[49] Zhang Z, Rao B D. Sparse signal recovery with temporally correlated source vectors using sparse Bayesian learning［J］. IEEE Journal of Selected Topics in Signal Processing, 2011, 5（5）：912-926.

[50] Wang L, Zhao L, Bi G, et al. Novel wideband DOA estimation based on sparse Bayesian learningwith dirichlet process priors [J/OL]. IEEE Transactions on Signal Processing, 2016, 64 (2): 275-289.

[51] Mlioutov D, Cetin M, Willsky A S. A sparse signal reconstruction perspective for source localization with sensor arrays [J]. IEEE Transactions on Signal Processing, 2005, 53 (8): 3010-3022.

[52] 王园园, 刘峥, 曹运合. 基于压缩感知的米波雷达低空测角算法 [J]. 系统工程与电子技术, 2014, (4): 667-671.

[53] Wu J, ZhuW, Chen B. Compressed sensing techniques for altitude estimation in multipath conditions [J]. IEEE Transactions on Aerospace and Electronic Systems, 2015, 51 (3): 1891-1900.

[54] 张永顺, 葛启超, 丁姗姗, 等. 基于稀疏贝叶斯学习的低空测角算法 [J]. 电子与信息学报, 2016, 38 (9): 2309-2313.

[55] Wu L, Liu Z, Huang Z. Deep convolution network for direction of arrival estimation with sparse prior [J]. IEEE Signal Processing Letters, 2019, 26 ( 11): 1688-1692.

[56] 项厚宏. 基于深度学习的米波雷达阵列超分辨 DOA 估计方法研究 [D]. 西安: 西安电子科技大学, 2021.

[57] 葛晓凯, 胡显智, 戴旭初. 利用深度学习方法的相干源 DOA 估计 [J]. 信号处理, 2019, 35 (8): 1376-1384.

[58] Xiang H, Chen B, Yang M, et al. Altitude measurement based on characteristics reversal by deep neural network for VHF radar [J]. IET Radar, Sonar & Navigation, 2019, 13 (1): 98-103.

[59] 项厚宏, 陈伯孝, 等. 基于多帧相位增强的米波雷达低仰角目标 DOA 估计方法 [J]. 电子与信息学报, 2020, 42 (7): 1581-1589.

[60] 朱伟. 米波数字阵列雷达低仰角测高方法研究 [D]. 西安: 西安电子科技大学, 2013.

[61] Huan S, Zhang M, Dai G, et al. Low elevation angle estimation with range super-resolution in wideband radar [J]. Sensors, 2020, 20 (11): 3104.

[62] 郑轶松. 米波阵列雷达低仰角测高若干问题研究 [D]. 西安: 西安电子科技大学, 2017.

[63] 李存勖, 陈伯孝. 基于空域稀疏性的方位依赖阵列误差校正算法 [J]. 电子与信息学报, 2017, 39 (9): 2219-2224.

[64] Li C, Chen B, Yang M. A novel off-grid DOA estimation via weighted subspace fitting [C]// CIE International Conference on Radar, CHINA, 2016: 1-5.

[65] Li C, Chen B, Zheng Y, et al. Altitude measurement of low elevation target in complex terrain based on orthogonal matching pursuit [J]. IET Radar Sonar & Navigation, 2017, 11 (5): 745-751.

[66] Li C, Chen B, Yang M, et al. Altitude measurement of low-elevation target for VHF radar

based on weighted sparse Bayesian learning [J]. IET Signal Processing, 2017, 12 (4): 403-409.

[67] Bartonllow D K. Multipath fluctuation effects in track - while - scan radar [J]. IEEE Transactions on Aerospace & Electronic Systems, 2007, AES-15 (6): 754-764.

[68] Ayasli S. SEKE: A computer model for low altitude radar propagation over irregular terrain [J]. IEEE Transactions on Antennas and Propagation, 2003, 34 (8): 1013-1023.

[69] Liu Y, Liu H, Xia X, et al. Projection techniques for altitude estimation over complex multipath condition-based VHF radar [J]. IEEE J Sel Top Appl Earth Obs Remote Sens, 2018, 11 (7): 2362-2375.

[70] Lehmann N H, Fishler E, Haimovich A M, et al. Evaluation of transmit diversity in MIMO radar direction finding [J]. IEEE Trans. on Signal Processing, 2007, 55 (5): 2215-2225.

[71] Haimovich A M, Blum R S, Cimini L J. MIMO radar with widely separated antennas [J]. IEEE Signal Processing Magazine, 2008, 25 (1): 116-129.

[72] Li J, Stoica P. MIMO radar with collocated antennas [J]. IEEE Signal Processing Magazine, 2007, 24 (5): 106-114.

[73] Fuhrmann R D, san Antonio G. Transmit beamforming for MIMO radar systems using partial signal correlation [C]// IEEE. Rec. of the 38th Asilomar Conf. Signals, Systems and Computers, Pacific Grove: IEEE Press, 2004, 1: 295-299.

[74] 吴伟. 频控阵 MIMO 雷达目标参数估计研究 [D]. 南京: 南京理工大学, 2019.

[75] Friedlander B. Effects of model mismatch in MIMO radar [J]. IEEE Transactions on Signal Processing, 2012, 60 (4): 2071-2076.

[76] Hong S, Zhao Z, Yan M, et al. Low angle estimation with colored noise in bi-static MIMO radar [C]// IEEE. International Symposium on Antennas, Propagation and EM Theory (ISAPE). Gailin: IEEE Press, 2016: 866-868.

[77] Cui K, Chen X, Huang J, et al. DOA estimation of multiple LFM sources using a STFT-based and FBSS-based MUSIC algorithm [J]. Radio engineering, 2017, 26 (4): 1126-1137.

[78] 吴向东, 赵永波, 张守宏. 一种 MIMO 雷达低角跟踪环境下的波达方向估计新方法 [J]. 西安电子科技大学学报, 2008, 10, 35 (5): 793-798.

[79] 刘俊. 米波雷达低仰角估计方法研究 [D]. 西安: 西安电子科技大学, 2012.

[80] 汪安戈, 胡国平, 周豪, 等. MIMO 雷达双向空间平滑的多径目标 DOA 估计算法 [J]. 空军工程大学学报, 2017, 18 (3): 44-48.

[81] 张娟, 张林让, 刘楠. MIMO 雷达最大似然波达方向估计方法 [J]. 系统工程与电子技术, 2009, 31 (6): 1292-1294.

[82] Tang B, Tang J, Zhang Y, et al. Maximum likelihood estimation of DOD and DOA for bistatic MIMO radar [J]. Signal Processing, 2013, 93 (5): 1349-1357.

[83] Tan J, Nie Z. Polarization smoothing generalized MUSIC algorithm with PSA monostatic MIMO radar for low angle estimation [J]. Electronics Letters, 2018, 54 (8): 527-529.

[84] 刘俊，刘峥，谢荣，等．基于波束空间的米波 MIMO 雷达角度估计算法［J］．电子学报，2011，39（9）：1961-1966.

[85] Shi J, Hu G, Zong B, et al. DOA estimation using multipath echo power for MIMO radar in low-grazing angle [J]. IEEE Sensors Journal, 2016, 16 (15): 6087-6094.

[86] Shi J, Hu G, Lei T. DOA estimation algorithms for low-angle targets with MIMO radar [J]. Electronics Letters, 2016, 52 (8): 652-654.

[87] 刘源，王洪先，纠博，等．米波 MIMO 雷达低空目标波达方向估计新方法［J］．电子与信息学报，2016（3）：622-628.

[88] 郑桂妹，宋玉伟，胡国平，等．基于块正交匹配追踪预处理的米波多输入多输出雷达测高方法研究［J］．雷达学报，2020，9（5）：908-916.

[89] Chen C, Tao J, Zheng G, et al. Meter-wave MIMO radar height measurement method based on adaptive beamforming [J]. Digital Signal Processing, 2022, 120: 103272.

[90] Zheng G, Song Y, Chen C. Height measurement with meter wave polarimetric MIMO radar: Signal model and MUSIC-like algorithm [J]. Signal Processing, 2022, (190): 108344.

[91] Liu Y, Jiu B, Xia X, et al. Height measurement of low-angle target using MIMO radar under multipath interference [J]. IEEE Trans. Aerosp. Electron. Syst, 2018, 54 (2): 808-818.

[92] Chen C, Tao J, Zheng G, et al. Beam split algorithm for height measurement with meter-wave MIMO radar [J]. IEEE Access, 2020, (9): 5000-5010.

[93] Song Y, Hu G, Zheng G. Height measurement with meter wave MIMO radar based on precise signal model under complex terrain [J]. IEEE Access, 2021, 9: 49980-49989.

[94] 刘飞龙．基于子空间的频控阵 MIMO 雷达目标参数估计研究［D］．海口：海南大学，2021.

[95] 庞帅轩．基于稀疏阵列的 FDA-MIMO 雷达距离-角度联合估计方法研究［D］．长春：吉林大学，2019.

[96] 王文钦，邵怀宗，陈慧．频控阵雷达：概念、原理与应用［J］．电子与信息学报，2016，38（4）：1000-1011.

[97] 王文钦，陈慧，郑植，等．频控阵雷达技术及其应用研究进展［J］．雷达学报，2018，7（2）：153-166.

[98] 兰岚，许京伟，朱圣棋，等．波形分集阵列雷达抗干扰进展［J］．系统工程与电子技术，2021，43（6）：1437-1451.

[99] 初伟，刘云清，刘文宇，等．基于时不变点状波束优化的目标距离-角度联合估计［J］．电子与信息学报，2022，44（4）：1366-1372.

[100] 巩朋成，刘刚，黄禾，等．频控阵 MIMO 雷达中基于稀疏迭代的多维信息联合估计方法［J］．雷达学报，2018，7（2）：194-201.

[101] Song Y, Zheng G, Hu G. A combined ESPRIT-MUSIC method for FDA-MIMO radar with extended range ambiguity using staggered frequency increment [J]. International Journal of Antennas Propagation, 2019, 2019 (3056074): 7.

[102] Feng M, Cui Z, Yang Y, et al. A reduced-dimension MUSIC algorithm for monostatic FDA-MIMO radar [J]. IEEE Communication Letter, 2021, 25 (4) : 1279-1282.

[103] Zheng G, Song Y. Signal model and method for joint angle and range estimation of low-elevation target in meter-wave FDA-MIMO radar [J]. IEEE Communications letters, 2021, 26 (2): 449-453.

[104] Yuan W, Jose M, Mouraf. Time-reversal detection using antenna arrays [J]. IEEE Transactions on Signal Processing, 2009, 57 (4) : 1396-1414.

[105] Mouva J Jin Y. Detection by time reversal: Single antenna [J]. IEEE Transactions on Signal Processing, 2007, 55 (1): 187-201.

[106] Zeng X, Yang M, Chen B, et al. Low angle direction of arrival estimation by time reversal [C]. 2017 IEEE International Conference on Acoustics, Speech, and Signal Processing (ICASSP), 2017: 3161-3165.

[107] Zeng X, Yang M, et al. Estimation of direction of arrival by time reversal for low-angle targets [J]. IEEE Transactions on Aerospace and Electronic Systems, 2018, 54 (6): 2675-2694.

[108] Foroozan F, Asif A, Jin Y, et al. Direction finding algorithms for time reversal MIMO radars [C]//2011 the IEEE statistical Signal Processing Workshop, Nice, France. IEEE, 2011: 433-436.

[109] Jin Y, O' Donoughue N, Moura J M F. Time reversal adaptive waveform in MIMO radar [C]//2010 International Conference on Electromagnetics in Advanced Applications. Sydney, NSW, Australia. IEEE, 2010: 741-744.

[110] Foroozan F Asif A, Jin Y. Cramer-Rao bounds for time reversal MIMO radars with multipath [J]. IEEE Transactions on Aerospace & Electronic Systems, 2016, 52 (1): 137-154.

[111] 饶凯，朱新国，乐意．多径环境下基于 TR 的 MIMO 雷达 DOA 估计 [J]. 电光与控制，2020, 27 (08): 33-37.

[112] 刘梦波，胡国平，韩昊鹏．TR-MIMO 雷达低空目标 DOA 估计算法 [J]. 空军工程大学学报，2018, 19 (06): 53-58.

[113] 刘梦波，胡国平，师俊鹏，等．基于时间反转的 MIMO 雷达实值 MUSIC 算法 [J]. 现代雷达，2018, 40 (11): 21-26.

[114] 刘梦波，胡国平，师俊鹏，等．基于 TR-MIMO 雷达的相干目标 DOA 估计 [J]. 弹箭与制导学报，2018, 38 (6): 109-112.

[115] 童宁宁，郭艺夺，王光明．米波雷达低角跟踪环境下的修正 MUSIC 算法 [J]. 现代雷达，2008 (10): 29-32.

[116] 张小飞．阵列信号处理的理论和应用 [M]. 北京：国防工业出版社，2010.

[117] 王永良．空间谱估计理论与算法 [M]. 北京：清华大学出版社，2004.

[118] Moffet A. Minimum-redundancy linear arrays [J]. IEEE Transactions on Antennas and Propagation, 1968, 16 (2): 172-175.

[119] Pal P, Vaidyanathan P P. Multiple level nested array: An efficient geometry for 2q-th order

cumulant based array processing [J]. IEEE Transactions on Signal Processing, 2012, 60 (3): 1253-1269.

[120] Pal P, Vaidyanathan P P. Nested arrays in two dimensions, Part II: Application in two-dimensional array processing [J]. IEEE Transactions on Signal Processing, 2012, 60 (9): 4706-4718.

[121] Vaidyanathan P P. Sparse sensing with coprime samplers and arrays [J]. IEEE Transactions on Signal Processing, 2011, 59 (2): 573-586.

[122] Vaidyanathan P P, Pal P. Sparse coprime sensing with multi-dimensional lattice arrays [C]// Digital Signal Processing Workshop and IEEE Signal Processing Education Workshop. IEEE, 2011: 425-430.

[123] 汪安戈, 胡国平. 实数域广义 MUSIC 的 MIMO 雷达低空目标仰角估计算法 [J]. 传感器与微系统, 2018, 37 (11): 128-131.

[124] Liu J, Liu Z, Xie R. Low angle estimation in MIMO radar [J]. Electronics Letters, 2010, 46 (23): 1565-1566.

[125] 张宇乐, 胡国平, 周豪, 等. 基于虚拟阵元冗余平均的对称嵌套 MIMO 雷达 DOA 估计 [J]. 空军工程大学学报, 2020, 21 (6): 79-86.

[126] 张宇乐. 稀疏阵列 MIMO 雷达的高自由度 DOA 估计研究 [D]. 西安: 空军工程大学, 2021.

[127] Li J, Zhang X. Closed-form blind 2D-DOD and 2D-DOA estimation for MIMO radar with arbitrary arrays [J]. Wireless Personal Communications, 2013, 69 (1): 175-186.

[128] 陈晨, 陶建峰, 郑桂妹. 基于 MIMO 雷达的极化平滑降维西 ESPRIT 算法 [J]. 信号处理, 2021, 37 (4): 616-623.

[129] 汪安戈, 胡国平, 周豪, 等. 雷达多径效应抑制技术分析及展望 [J]. 火力指挥与控制, 2019, 44 (5): 12-16.